潛入核動力潛艦

Le Vigilant:
Immersion à bord
d'un sous-marin
nucléaire

大是文化

最機密軍事行動，
不能留下任何鏡頭，
全程手繪重現法國潛艦「警戒號」
110 名成員巡航與訓練內容。

法國新聞頻道電臺時事報導漫畫獎、
當代歷史圖書獎得主
雷納・佩利謝 ── 著
Raynal Pellicer

插畫家、紀實圖像創作者，最佳調查報導獎
Titwane ── 繪
黃明玲 ── 譯

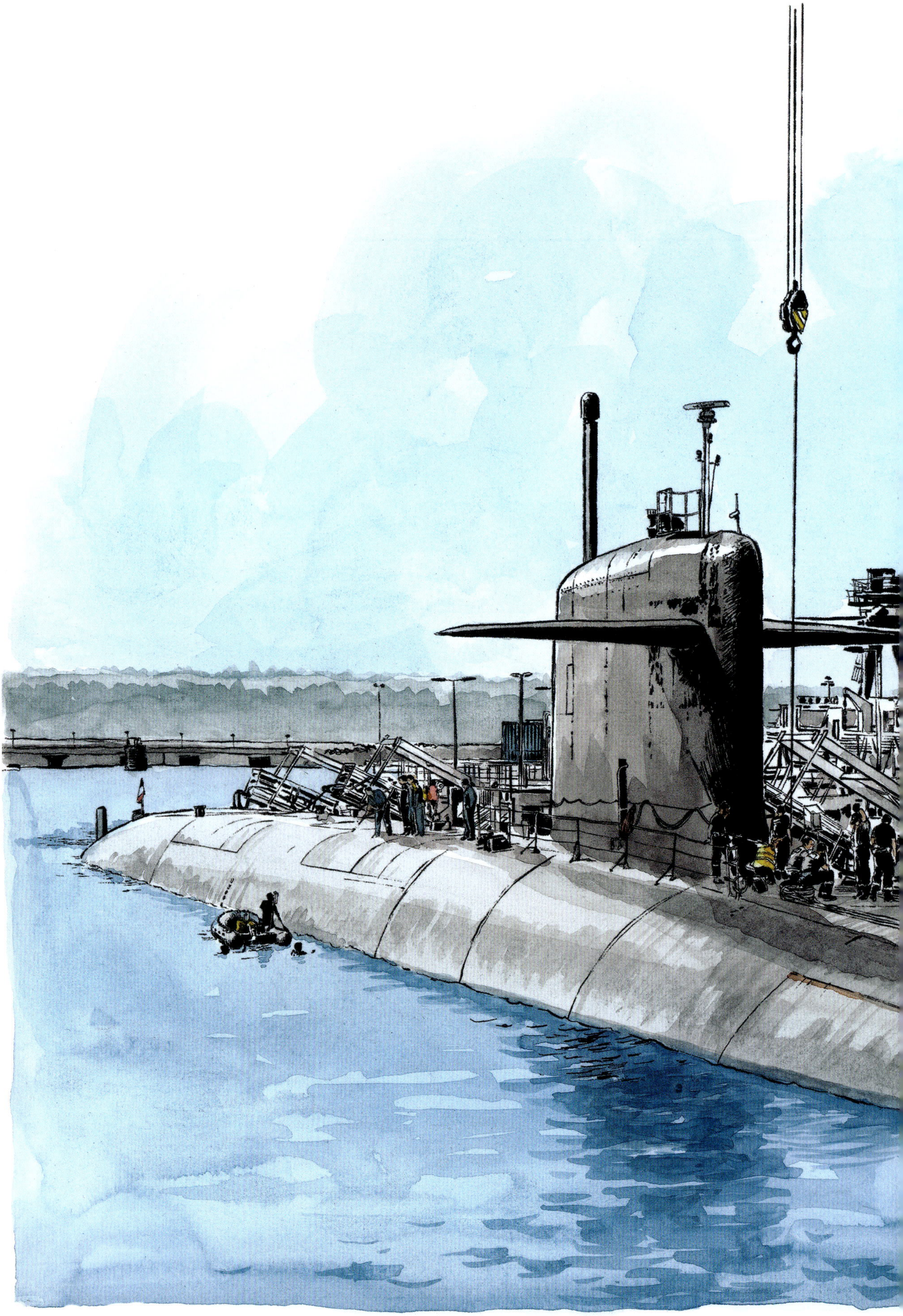

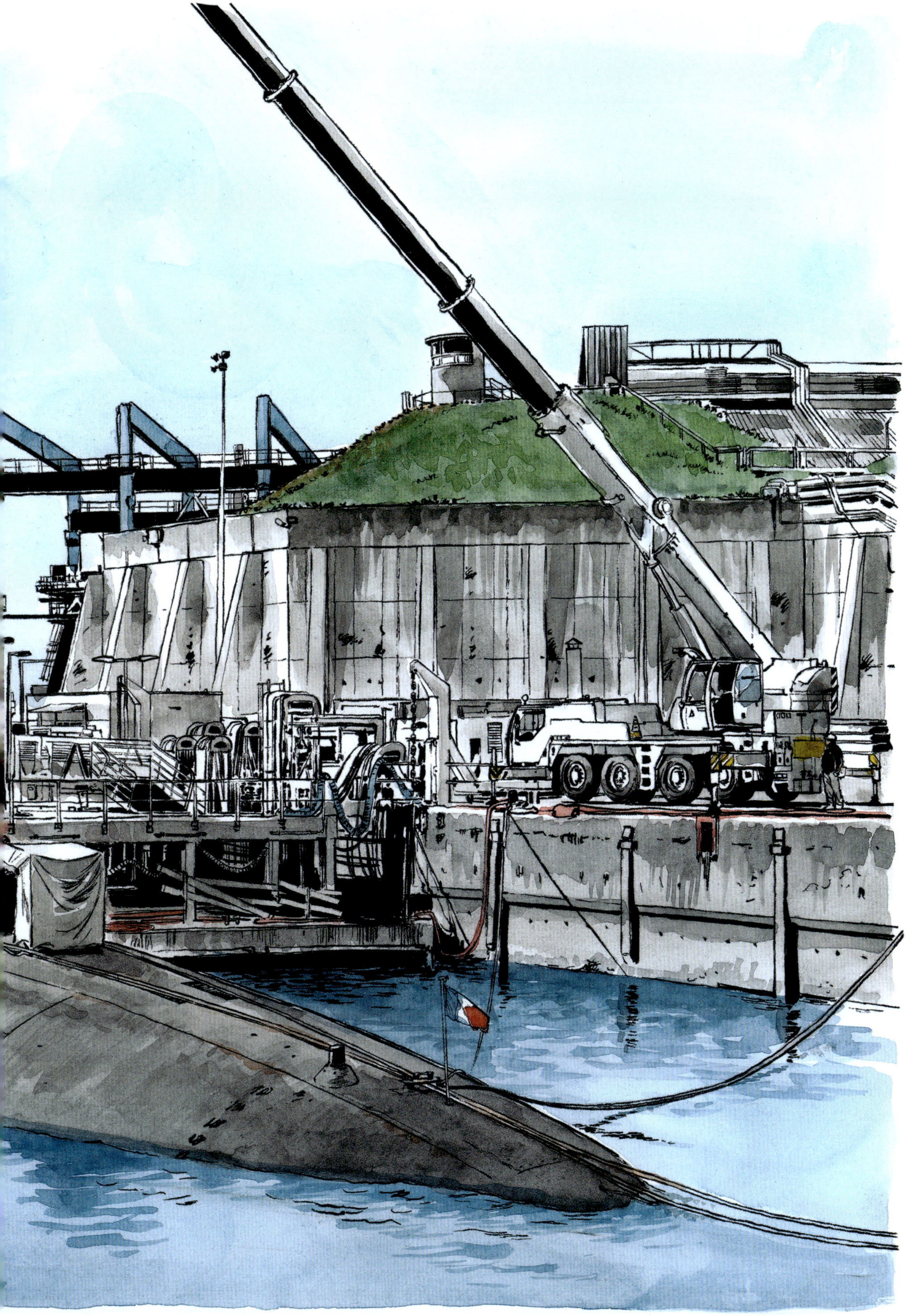

目錄

推薦序一
從來沒有這麼少的人，能為這麼多人做這麼大的貢獻／施孝瑋　　　**007**

推薦序二
不再靠想像，就能了解潛艦兵的世界／黃竣民　　　**009**

序　　章　「我們將不復存在。」　　　*011*

第 一 章　**稀釋**　　　*039*
稀釋的意思是，將自己溶解於海洋並隱藏其中。潛入水下，迅速從螢幕上消失。

第 二 章　**金耳朵**　　　*071*
每種船都有其聲學特徵，而這個聲學特徵就是它的身分證，它的DNA。

第 三 章　**僅知原則**　　　*085*
守住祕密的最好方法，就是不告訴任何人。

第 四 章　**火警**　　　*089*
第一個抵達現場的人，就是第一個救援人員。

第 五 章　**黑就是美**　　　*109*
警戒號是一艘黑色的艦艇！我們為這個顏色和它所代表的意義感到自豪。

第 六 章	飛彈艙	*119*
	飛彈艙分成兩個完全相同的艙室。每個艙室有 8 枚核彈。	

第 七 章	第 40 天	*129*
	第 40 天代表任務進行到一半,這是一個危機時刻。	

第 八 章	家書	*141*
	最多只能有 40 個字,如果家中有寶寶出生,可以寬待至 60 字。	

第 九 章	恢復視野	*149*
	使用潛望鏡還可以享受一項特別福利:彩色的風景!	

第 十 章	潛艦船員的話	*155*
	「我終於找到屬於自己的地方了。」	

第十一章	所見所聞	*169*
	為了安全起見,打開氣閘艙丟垃圾時,副指揮官和大副必須在場,且只有在獲得指揮艙的同意後才能進行。	

第十二章　　奧斯卡，奧斯卡，威士忌　　*175*
　　　　　　海豚166：前方有一枚魚雷，這是我們提醒你該慢下來的方式。

第十三章　　回到生活圈　　*187*
　　　　　　「離開的確困難，但這是必要的，而且並不是一件糟糕的事。回家比離開更難。」

致謝　　*197*

推薦序一

從來沒有這麼少的人，能為這麼多人做這麼大的貢獻

「軍情與航空」網站主編／施孝瑋

二戰時期，英國首相溫斯頓・邱吉爾（Winston Churchill）曾以「從來沒有這麼少的人，能為這麼多人做這麼大的貢獻」（Never in the field of human conflict was so much owed by so many to so few），形容英國皇家空軍在不列顛空戰，守住英國免於納粹入侵。

世界已安然度過了那相互保證毀滅的冷戰時期，而如今在世界最孤獨的角落，默默維繫世界和平的，正是這些隨時備便的水下勇者。是這些裝載核彈頭彈道飛彈的戰略核潛艦部隊，以及使命必達的精神，嚇阻敵人不敢率先攻擊。

在相互保證毀滅的時代，聯合國常任理事國的戰略性核武，通常以固定發射井的洲際彈道飛彈、搭載於轟炸機上的核彈，以及深海黑洞中默默守護世人的戰略核潛艦部隊，為三位一體的核武力象徵。

在這三種核武戰略中，又以部署在大海中的核動力彈道飛彈潛艦（Sousmarin nucléaire lanceur d'engins，縮寫為SNLE）**最具嚇阻性**。因為大海中的潛艦隱密性最高，難以定位和追蹤。一艦多彈的毀滅能力，使核潛艦成為相互保證毀滅的手段中，最後一道防線和報復能

力的載具。

　　為了維持並延續相互保證毀滅能力，在冷戰時期，美國和前蘇聯皆持續派遣核動力彈道飛彈潛艦，在世界各地巡弋。即使至今，美國依然全天候在太平洋和大西洋深處，各部署一艘俄亥俄級（Ohio-class）核潛艦。若有任何國家以核武攻擊美國，美國就會以艦上的三叉戟（Trident）潛射彈道飛彈反擊。

　　俄羅斯也有類似部署，而美國的反制方法，就是派遣攻擊潛艦，在俄羅斯的軍港外執哨。一旦偵測到潛艦出航，就全程跟監，也因此孕育出《獵殺紅色十月》（The Hunt for Red October）這樣的經典小說。

　　法國和英國也是如此。而本書就是描述法國海軍凱旋級（Classe Le Triomphant）彈道飛彈核潛艦——警戒號（Le Vigilant）——的一次演習任務。本書作者親自登艦，和艦上官兵相處12天，第一手的觀察讓讀者得以對海下潛艦生活的真實面貌，有基本的認識。

　　目前，全球僅有聯合國5個常任理事國（按：美國、俄羅斯、英國、法國與中國）和印度擁有核動力彈道飛彈潛艦，因此，相關部署與艦上的生活，也成為軍事迷高度好奇的話題。

　　核動力彈道飛彈潛艦出港後，就要過著至少70天與世隔絕的生活。這段期間，只能透過艦上的通訊陣列（按：由多個天線組成的系統，用於發送和接收無線電信號），接收來自岸上的隻字片語及重要的作戰指令。

　　《潛入核動力潛艦》以畫冊形式，呈現值勤任務型態、各部門人員的工作實況、艦上生活點滴、船員對過往經歷的敘述，以及牽掛岸上親友對身心的影響等，正是本書最值得閱讀的原因。

　　最後，**希望本書主角們，和世界各國肩負相同使命的同僚們，永遠只要扮演好各自政府所賦予的「嚇阻」使命，始終無須真正履行他們的最終任務。**因為他們一旦被迫行動，便將應驗書中那句話：「我相信我們會無家可歸。」

推薦序二

不再靠想像，
就能了解潛艦兵的世界

「James的軍事寰宇」粉絲頁主編／黃竣民

潛艦，是國家海軍的隱形武力，足以對水面的船艦造成威脅；而核動力彈道飛彈潛艦又是另一個檔次，它們不是以攻擊水面或水下目標為主，而是以自身攜帶的核子飛彈作為威懾力，在國家安全或利益遭受重大威脅時挺身而出，成為保證相互毀滅的殺手鐧。因此，說他們是一個國家的最後王牌，其實一點也不為過！

潛艦是尖端國防工藝的代表作，一般傳統柴電的潛艦已是如此，「警戒號」這樣的核動力潛艦，技術含金量更是高機密的存在。

目前，世界上有能力打造核動力潛艦的國家仍寥寥無幾，一般人根本無法輕易接觸，更遑論想一窺其中，加上水手們有默契的遵循著「僅知原則」（Need to know，只對有必要知道的人提供資訊）。因此，關於潛艦的傳言，多半是以訛傳訛的形容。這或許也詮釋了一名潛艦官兵的不平凡與不容易。

先前我在編撰《鋼鐵傳奇：德意志的沉默艦隊》時，便深深的佩服潛艦部隊的官兵，之後還因此獲准登上德軍212A級型潛艦（U-Boot-Klasse 212 A）參觀。回想那個幽閉且布滿纜線、

管路、閥門、壓力表、噴嘴的鋼鐵沉箱裡，不難想像那些官兵在出勤時過得有多麼「艱苦」。

雖然核動力彈道飛彈潛艦的噸位大上許多，生活設施也較完善，但水手們出航一趟至少要兩個月的時間，這段期間不僅無法對外聯絡、更不知身處於何地，與世隔絕，如果沒有強韌的心理素質，根本無法熬過每趟巡邏任務。

尋遍國內出版的軍事書籍中，鮮少著作以法國海軍為背景，以核動力彈道飛彈潛艦為主角的作品更是罕見。本書在作者雷納‧佩利謝（Raynal Pellicer）與插畫家 Titwane 的共同合作下，以法國現役4艘「凱旋級」核動力潛艦之一的警戒號為題材，輔以淺顯易懂的插畫，介紹核潛艦內各級水手的職掌與生活、他們的成長與教育背景、值勤時的酸甜苦辣，以及潛艦兵之間的行話等。

本書除了讓讀者更輕鬆的了解，這一艘攜帶16枚M51潛射彈道飛彈的核潛艦，不為人知卻真實的另一面以外，也能吸收到更多祕密的科技知識與運作原理，有興趣的讀者怎麼能錯過！

序章
「我們將不復存在。」

準備登艦。
經過幾個月的等待，我們登上核動力彈道飛彈潛艦
的圖文報導計畫，終於獲得批准。

雖然法國海軍批准了這項計畫，但我們仍被要求遵守以下條件：

首先是登艦日期必須保密，所有隨行人員都須遵守，且潛艦名稱到最後一刻才會透露。當然，還有其他的保密規定。

基本上，我們保有言論自由，但無法轉錄所有內容。

一名戰略海洋部隊（la force océanique stratégique，縮寫為FOST，為負責所有核動力潛艦的單位）的通信官，將密切注意我們的行動，以確保隨艦採訪與潛艦下潛任務順利進行。在這次的深度報導中，最令人好奇的就是在封閉環境裡，大家如何共同生活。

我們在法國西北部的布雷斯特（Brest）會合。更正確的地點，是在勒庫夫朗斯（Recouvrance）升降橋下的圖維爾門（Porte Tourville）。

序章 「我們將不復存在。」

　　通信官在該處的海軍基地停車場與我們碰面，他首先清點可以帶上艦的器材：相機、數位錄音機、硬碟和筆記型電腦。回程時，這些資訊器材必須再次接受檢查。通信官表示：未經FOST許可，任何錄影或錄音資料均不得攜出基地外。

　　至於我們的智慧型手機，將留在通信官的後車廂裡，靜靜度過這段下潛期間。

13

布雷斯特
（BREST）

西班牙角
（POINTE DES ESPAGNOLS）

長島
（ÎLE LONGUE）

特貝隆島
（ÎLE TRÉBÉRON）

死亡島
（ÎLE DES MORTS）

阿莫里克角
（POINTE DE L'ARMORIQUE）

做完最後檢查，我們登上一艘看起來像塞納河觀光遊船的接駁船。船駛向港口的另一側：克羅宗半島（Presqu'île de Crozon）上的長島，也就是彈道飛彈核潛艦的母港。

這裡的通行，均須過濾並受嚴格控管。換句話說，全區受到保護。可別想在Google Maps或Google Earth上找到它的街景圖，因為相關影像都已經被模糊處理。

通信官說：「你們即將深入法國核武威懾力量的核心。長島作戰基地內有4艘核動力潛艦，分別是凱旋號（Le Triomphant）、大膽號（Le Téméraire）、猛烈號（Le Terrible），以及你們將在上面度過12天的警戒號！」

法國自1972年起，便維持每天至少一艘彈道飛彈潛艦在水下巡航，每次巡航時間長達七十餘天。

那麼其他3艘呢？

其中一艘正在執行日常訓練任務——警戒號也將是如此。另一艘在保養，最後一艘則在船塢進行為期約18個月的大修。這4艘潛艦輪流巡航，從不間斷。

這就是為何出航日期不可以向別人透露，因為這可能洩露輪班的節奏。

對誰說？

世界上多的是好奇的人。

通信官接著介紹：「每艘潛艦都有兩組船員，各110名，分為藍隊和紅隊。每次巡邏返航後就會換班，而這次的任務，你們將與紅隊一起登艦。」

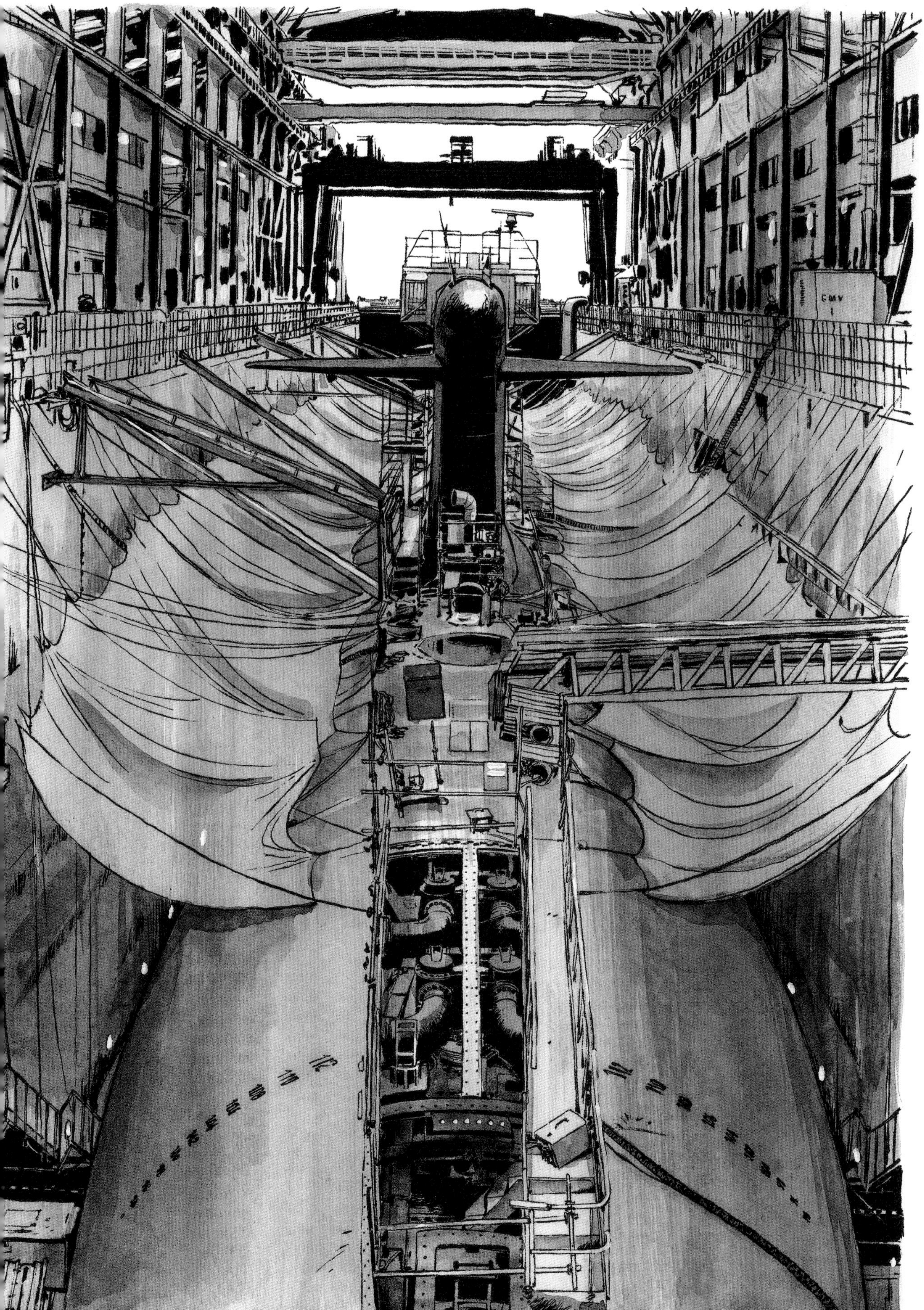

「我們到了。警戒號已停泊在碼頭邊。」
　警戒號艦體全長138公尺、直徑12公尺。氣勢懾人的黑色鎧甲外觀,前端有一個翼狀的凸出構造,稱作「帆罩」(法語:kiosque;英語:sail)。

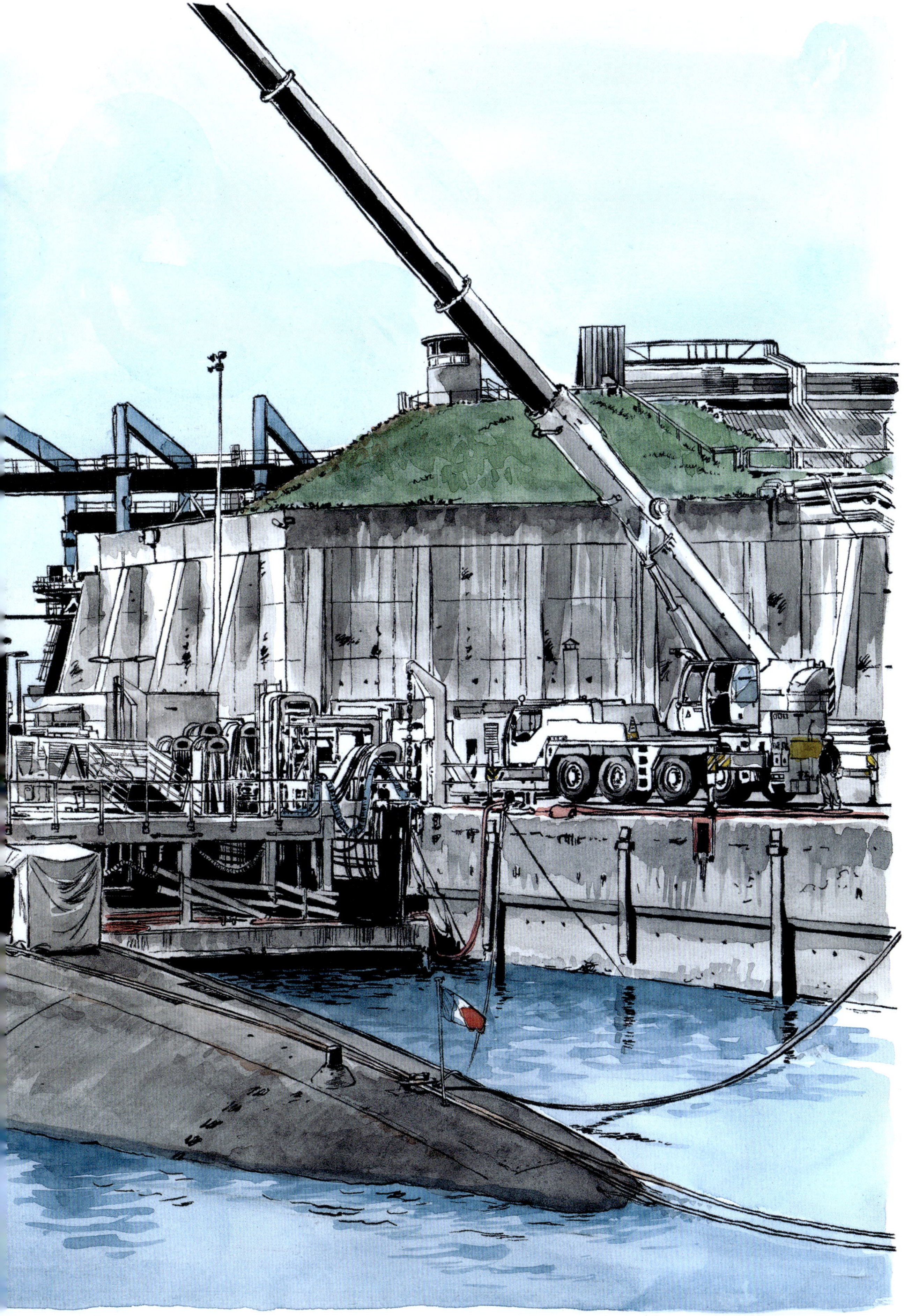

甲板上，潛艦兵們正忙著出發前的最後準備工作，舷門的入口則有武裝警衛看守。

序章 「我們將不復存在。」

潛入核動力潛艦

這是為了生存的苦差事。

一輛配有液壓吊臂的卡車,將棧板上的補給品,從碼頭吊到潛艦的前甲板上。幾個人趕緊卸下貨物,填滿這頭巨獸的肚子。

序章 「我們將不復存在。」

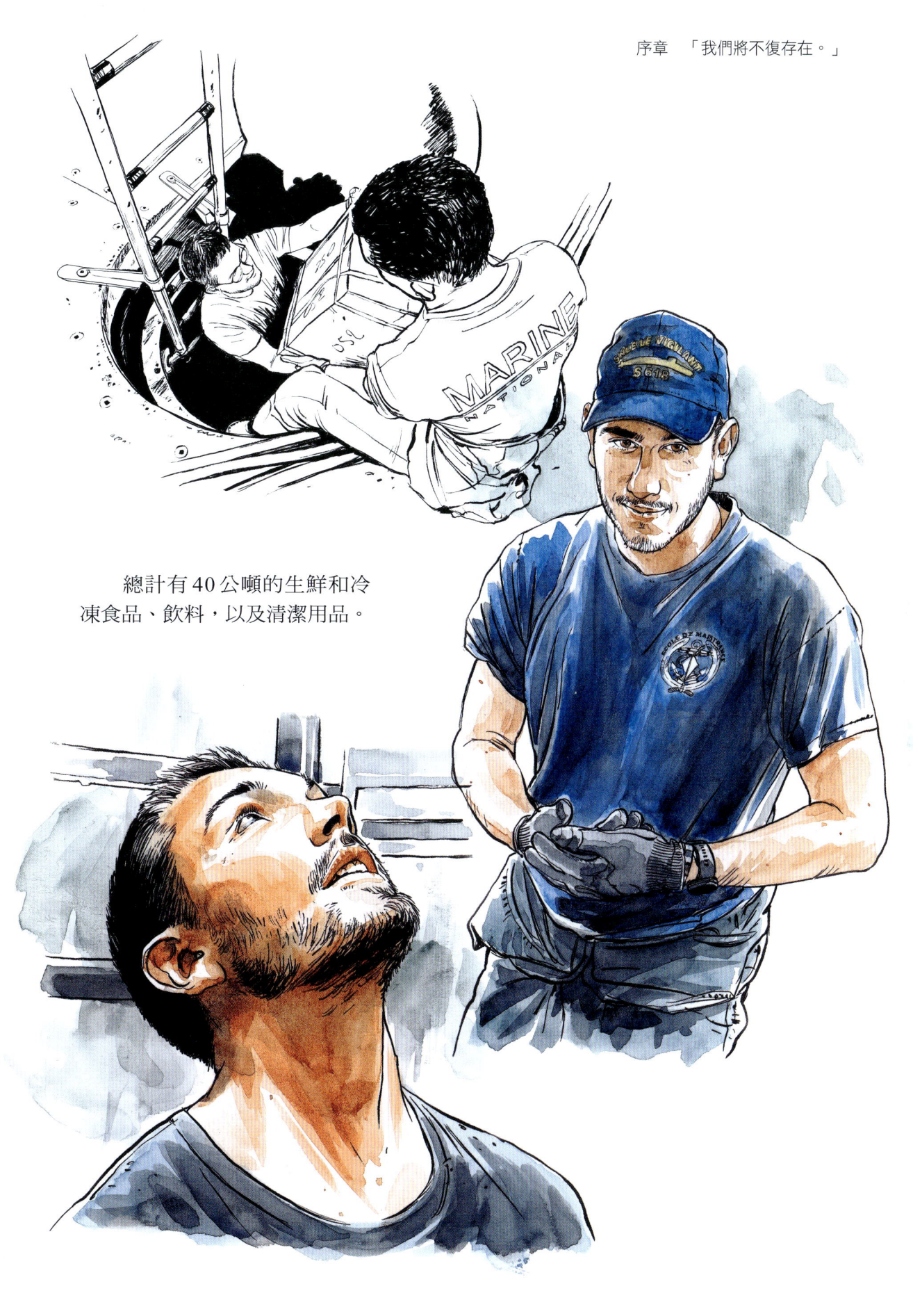

總計有40公噸的生鮮和冷凍食品、飲料,以及清潔用品。

23

大夥接力搬運這些貨物和包裹，通過狹窄的垂直管道，送達下層甲板的食物儲藏室，那裡是艦上的雜貨店。

在這裡，一層一層的貨物堆疊得像超大型的俄羅斯方塊，就連零下18℃的冷凍室也堆得滿滿的。進入冷凍室的船員必須換上特殊服裝，才能適應極度寒冷的環境。

「水手，如果你覺得手冷，就把頭部包緊。」

序章 「我們將不復存在。」

補給的同時,在潛艦尾部,機械師和工程師正忙著點火。他們慢慢啟動反應爐,驅動蒸氣渦輪發動機!彈道飛彈核潛艦不僅是一種核武發射器,本身也是由核動力推進。

很快就到了重要的安全須知講解時刻,緊急裝備裡包括一套防火頭套和呼吸面罩,稱為 EZ 面罩。這是一種全罩式潛水面罩,附有 2 公尺長的呼吸軟管,必要時可連接到呼吸管路。

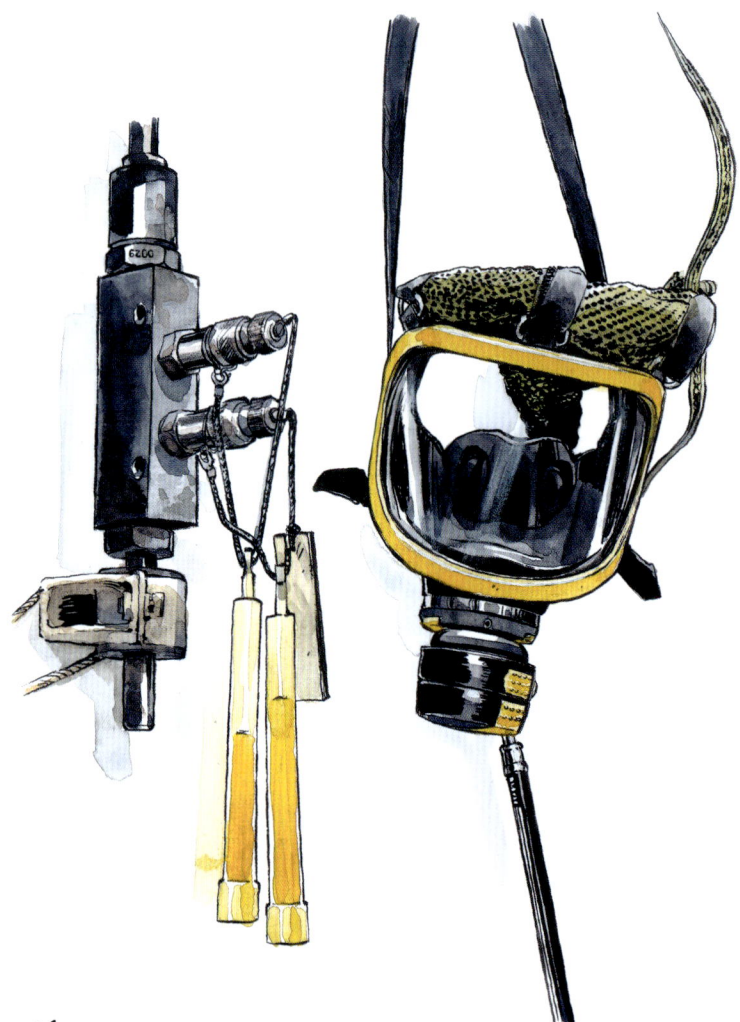

潛艦中很怕發生火災,因為密閉空間一旦失火,即使火勢迅速得到控制,也會產生大量濃煙。

因此,潛艦四處都設有進氣口,船員們可以將 EZ 面罩的呼吸管插進去,在火災時取得氧氣。若照明設備故障,這些進氣口的插座也會以螢光板或螢光棒標示。

這套裝備是你絕對不應該落下的東西!然而,它被裝在一個運動品牌販售的特價小背包裡,感覺不太符合法國海軍的莊嚴形象⋯⋯。

在了解安全須知並簽署一份備忘錄後,我們終於要和指揮官見面。

序章　「我們將不復存在。」

路易－埃爾韋・蘭伯特（Louis-Hervé Lambert）上校，44歲，膚色明亮，灰髮藍眼，有著沉穩的嗓音。他的歡迎詞令我頗感意外。

這位指揮官說：「我同意這項隨艦採訪計畫，但有個條件：這次的報導要比你之前寫戴高樂號（Charles de Gaulle R91，法國第一艘核動力航空母艦）更精彩。哈哈哈！」

這算是語帶諷刺，還是以迂迴的口吻挑戰我的報導原則？抑或是黑船（bateaux noirs，譯註：指水下艦艇）與灰船（bateaux gris，譯註：指水面艦艇）船員之間永無休止的較勁？

「言歸正傳，歡迎登上警戒號。它是極為複雜的機械裝置。你們現在登上的是一艘以核反應爐為動力來源的潛艦，艦上配備有16枚彈道飛彈及核武器，這些都由一群被關在海面下數百公尺、時間長達數週的人控制。所有參數都顯示這是不可能運作的，然而，您將會看到，它運作得非常好。

「最後要說的是：你們很幸運可以和紅隊船員一起登艦，我們才是潛艦的真正主人！其他人和藍隊船員只是房客，哈哈哈！」

27

潛入核動力潛艦

那麼就讓主人來為我們導覽。基本上，警戒號分為3個區域：

第一區在前段，設置餐廳、生活區和導航站。

第二區在中段，2個飛彈艙內放置了16枚核彈。

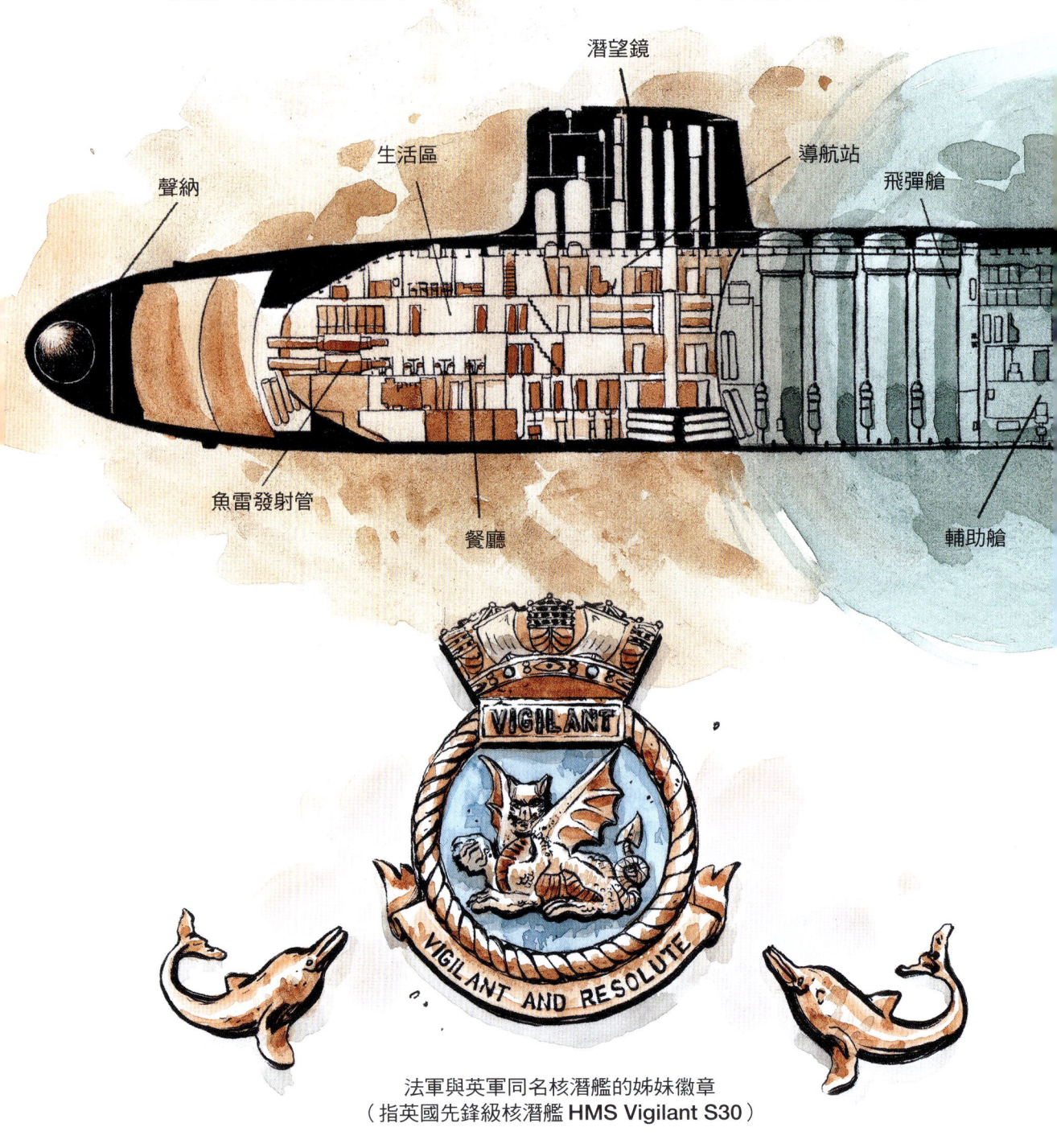

潛望鏡
生活區
導航站
聲納
飛彈艙
魚雷發射管
餐廳
輔助艙

法軍與英軍同名核潛艦的姊妹徽章
（指英國先鋒級核潛艦 HMS Vigilant S30）

VIGILANT
VIGILANT AND RESOLUTE

序章　「我們將不復存在。」

　　第三區在後段，是核反應爐和推進系統。從艦艏到艦尾，只有一條通道貫穿其間，連接這幾個區域。

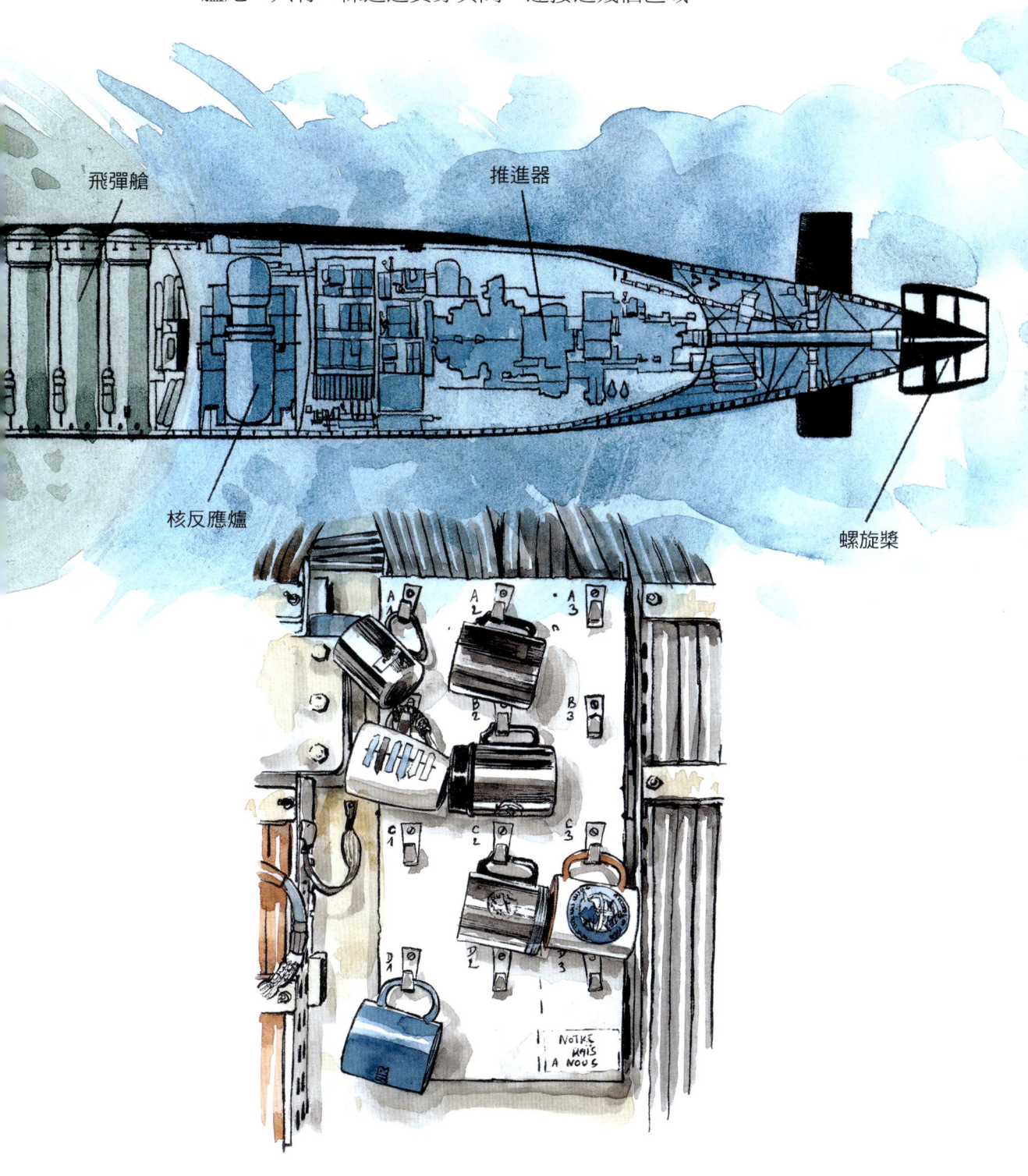

飛彈艙

推進器

核反應爐

螺旋槳

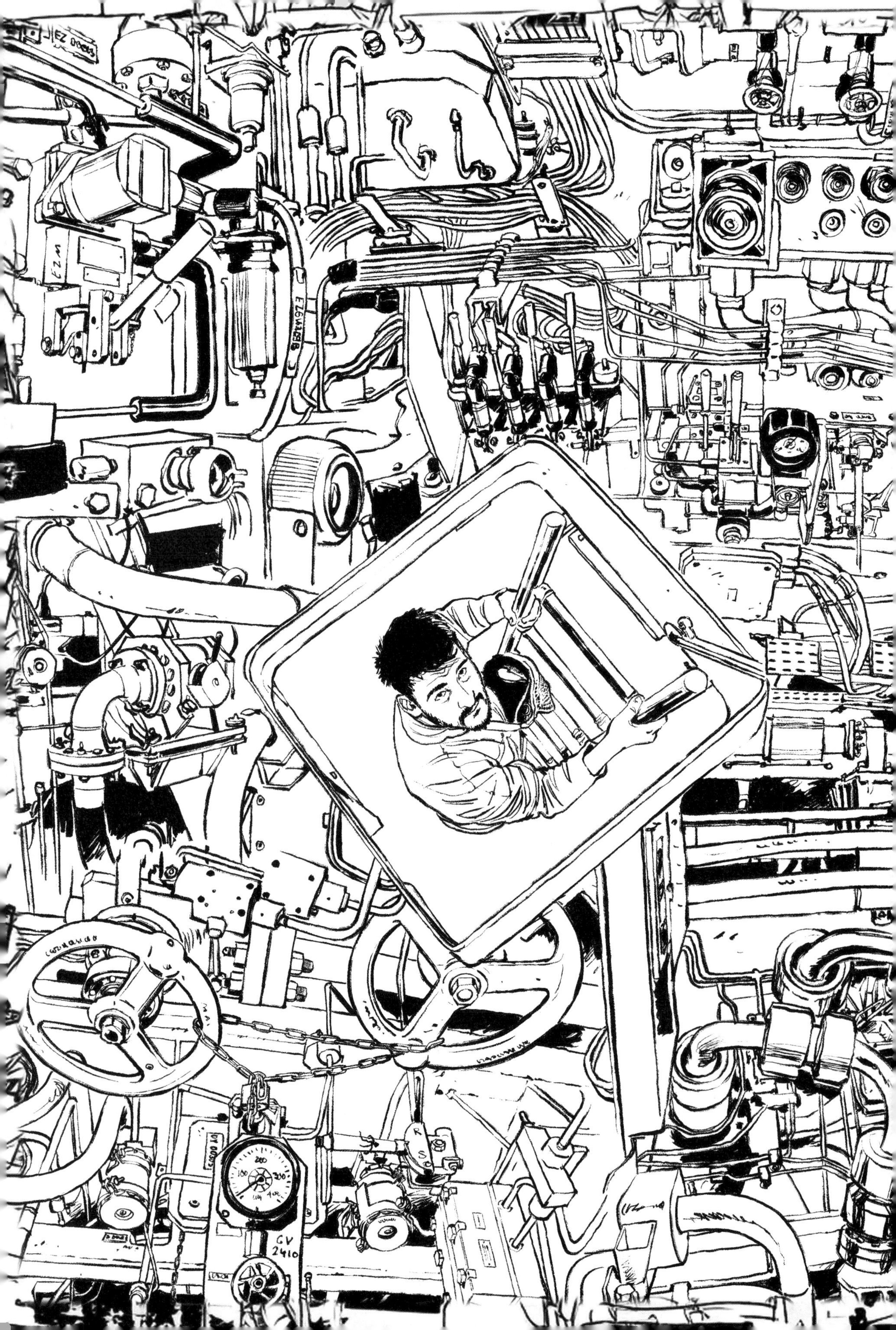
GV
2410

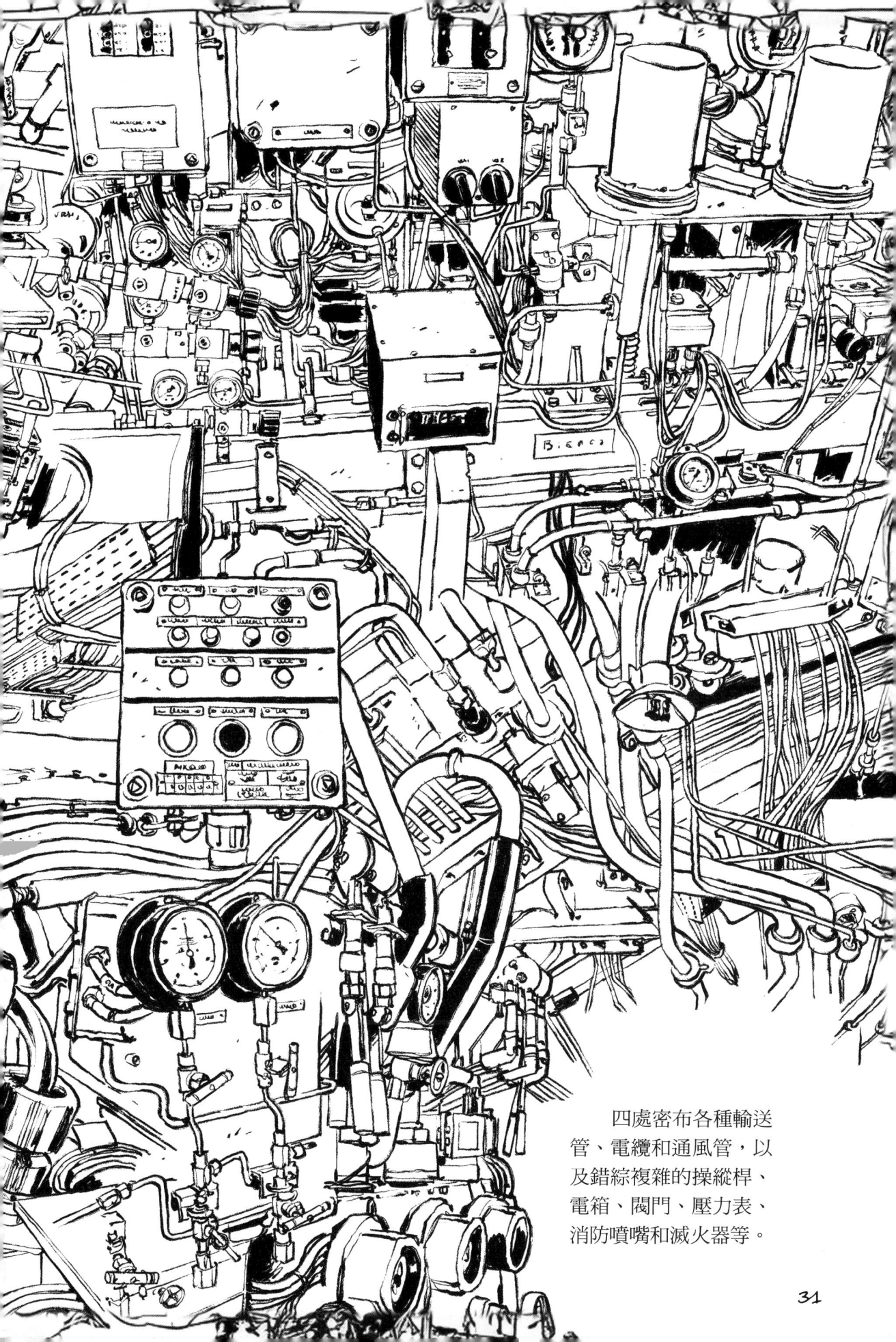

四處密布各種輸送管、電纜和通風管，以及錯綜複雜的操縱桿、電箱、閥門、壓力表、消防噴嘴和滅火器等。

潛艦只有三個區域、三層甲板（一個甲板代表一層），但出乎意料的，船上的空間並非大家以為的窄小。雖然有時需要側身讓道，但完全不會讓人產生幽閉恐懼。

一位船員說：「只有當你是被動的旁觀者才會感覺到幽閉恐懼，執行任務時不可能有這種感覺。無論如何，要當潛艦艦員必須是自願的，否則很難想像一個有幽閉恐懼症的人，要在水下幾百公尺深的箱子裡待上幾週……。」

在箱子裡？

「沒錯。快要下潛時，我們習慣說：『要封箱了！』」

序章 「我們將不復存在。」

　　我們在碼頭上享受封箱前的最後一個夜晚。這是每次登艦前都會舉辦的儀式：團體聚餐。通常是炭火烤肉大餐，大夥一邊享受美食，一邊欣賞警戒號。

潛入核動力潛艦

這天的菜色包括：起司漢堡、薯條、紅醬，烤肉的油脂豐富又甜美。

還有啤酒或汽水，也別忘了來根冰棒當作甜點。

序章 「我們將不復存在。」

　　大夥兒手捧著食物，輕鬆的站著吃，有的依交情、有的按官階，三五成群聚在一起。

　　我們吃了些東西、喝了點飲料，在戶外的新鮮空氣中待上幾個小時。

　　兩名船員吃完後，站在一旁開始聊天。他們是警戒號上的兩位醫護兵，尚－達米安（Jean-Damien）和阿克塞勒（Axel）。

　　尚－達米安說：「明天天一亮，我們就會啟航。之後，我們將不復存在。我們將不復存在，盡一切努力消失。」

　　接著，他又說：「我們將不復存在……是指對別人而言。」這其中還是存在細微的差異。

35

尚－達米安說：「我們將不復存在，因為潛艦會淹沒在浩瀚大海中。一旦切斷和陸地的聯繫，我們就像失蹤人口，只有艦長和幾名弟兄知道我們在哪裡。我們將暫時和家人斷絕聯絡，他們會發送稱為『家書』的訊息，每週40字，只報喜不報憂。

「然而，家人不會從我們這邊收到任何回應。這些家書就像投入大海的瓶中，信有去無回。他們對我們一無所知，不知道我們身在何處，也不知道我們過得如何。我們將完全從海平面以上消失。消失，真的！」

這聽起來可不怎麼有趣。

阿克塞勒說：「這次訓練只有12天，若是平常巡航，就會待在海中超過70天！所以12天算是短的，但對你們來說仍是很不尋常的體驗。你們將和外界切斷聯繫、暫停使用手機，無法聯絡上任何人。」

尚－達米安接著說：「還有，這裡也不能抽菸！」

阿克塞勒補充：「有些船員憋了七十多天沒抽菸，當巡邏結束、一浮上海面，他們就會趕緊爬到帆罩頂端抽一根。第一根菸通常很噁心，吸一口就會被扔掉。因為帆罩頂端的海水停滯不動，所以會散發出腐爛的魚腥味，導致空氣臭得要命。但儘管如此，第一口菸對他們來說就像是生命的第一口氣。

「那些傢伙等於戒菸2個多月……一浮上水面又開始抽。很妙吧？」

我們難得遇到如此健談的採訪對象,當然得好好聽他們說。

尚－達米安說道:「畢竟,我們平時很少有機會談自己的職業,這裡的一切都是祕密。隱居了2個月,然後又接著下一次的2個月,不斷重複這樣的日子。大家在封閉的環境中,不分晝夜的擠在一起生活。

「離開幾週後回到海面上時,會感覺自己又活過來了。是的,我們感覺自己活著。一些看起來微不足道的小事,例如雨水滴在皮膚上,都能讓自己感覺活著。」

我們還沒出發,船員們就已經在談論返航。

第一章
稀釋

但願人人善盡其責。

指揮官向值班軍官（負責航行安全和遵守國際海上避碰規則公約）和全艦官兵，下達啟航命令。

指揮官:「希望不要有任何意外。我們很久沒出海了,所以保持謙卑,提早出發。目標是在今晚抵達淺海區(海面下深度200公尺內),潛入水下並稀釋(diluer)。」

稀釋?

指揮官接著說：「這是一個術語。稀釋的意思是，將自己溶解於海洋並隱藏其中。潛入水下，迅速從螢幕上消失。」

「全體就演習位置！」

甲板上，二十幾名船員已經開始行動。

第一章　稀釋

他們套上寬大的紅色工作服、戴著防護頭盔、穿上救生背心,並扣上「救命繩索」以防墜落。接著,這群人開始替警戒號解纜。

此時，幾艘拖船來到警戒號周圍。每艘都有獨特的名字：孟加姆（Le Mengam）、企鵝（Le Pingouin）、烤爐（Le Four）、拉侯賽（La Houssaye）、海雀（Le Macareux）等。它們或推或拖，共同目標是使潛艦前端朝向長島的出口，然後伴隨著潛艦，直到抵達連接布雷斯特港和大西洋的海峽口。

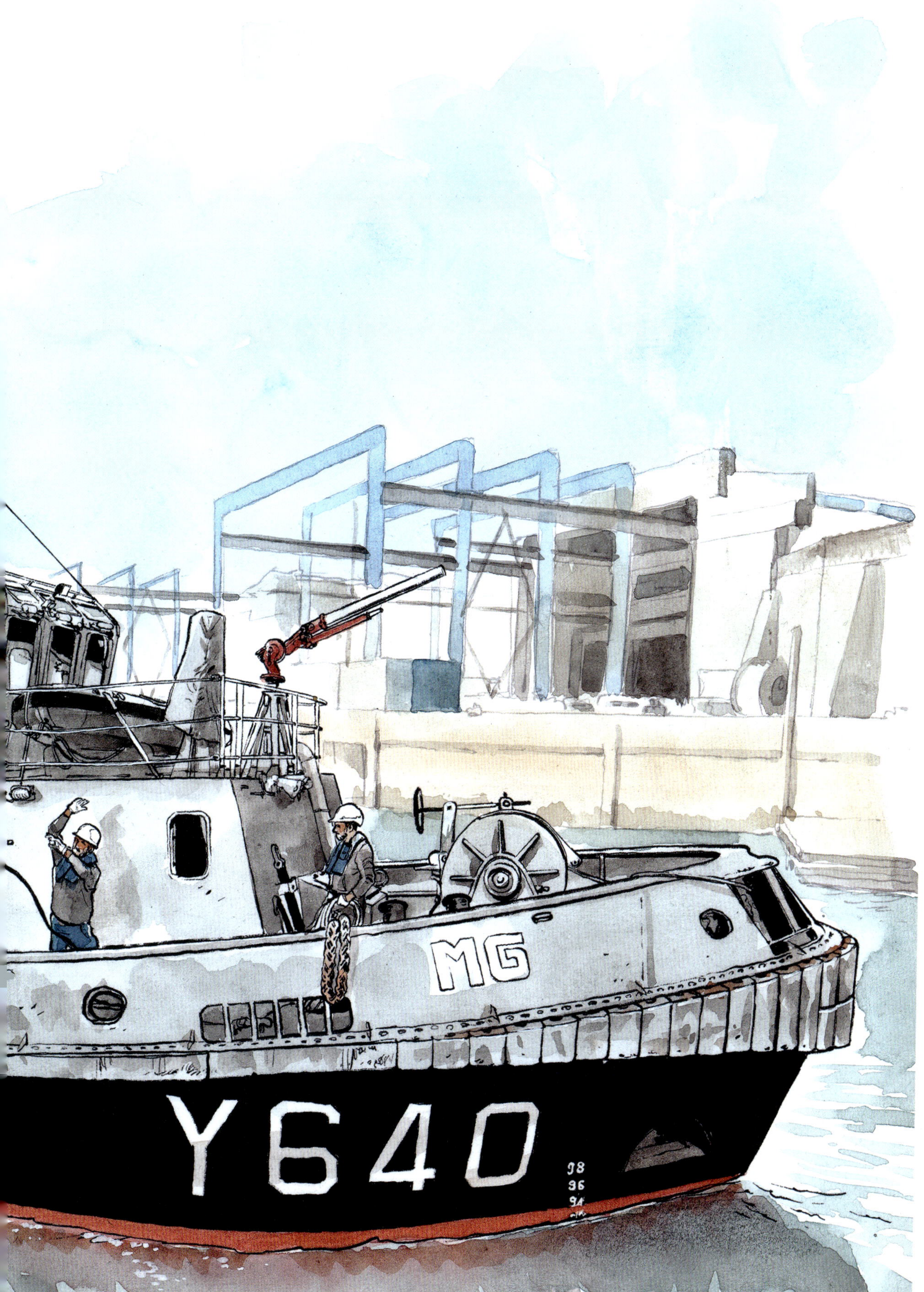
MG
Y640

潜入核動力潜艦

第一章 稀釋

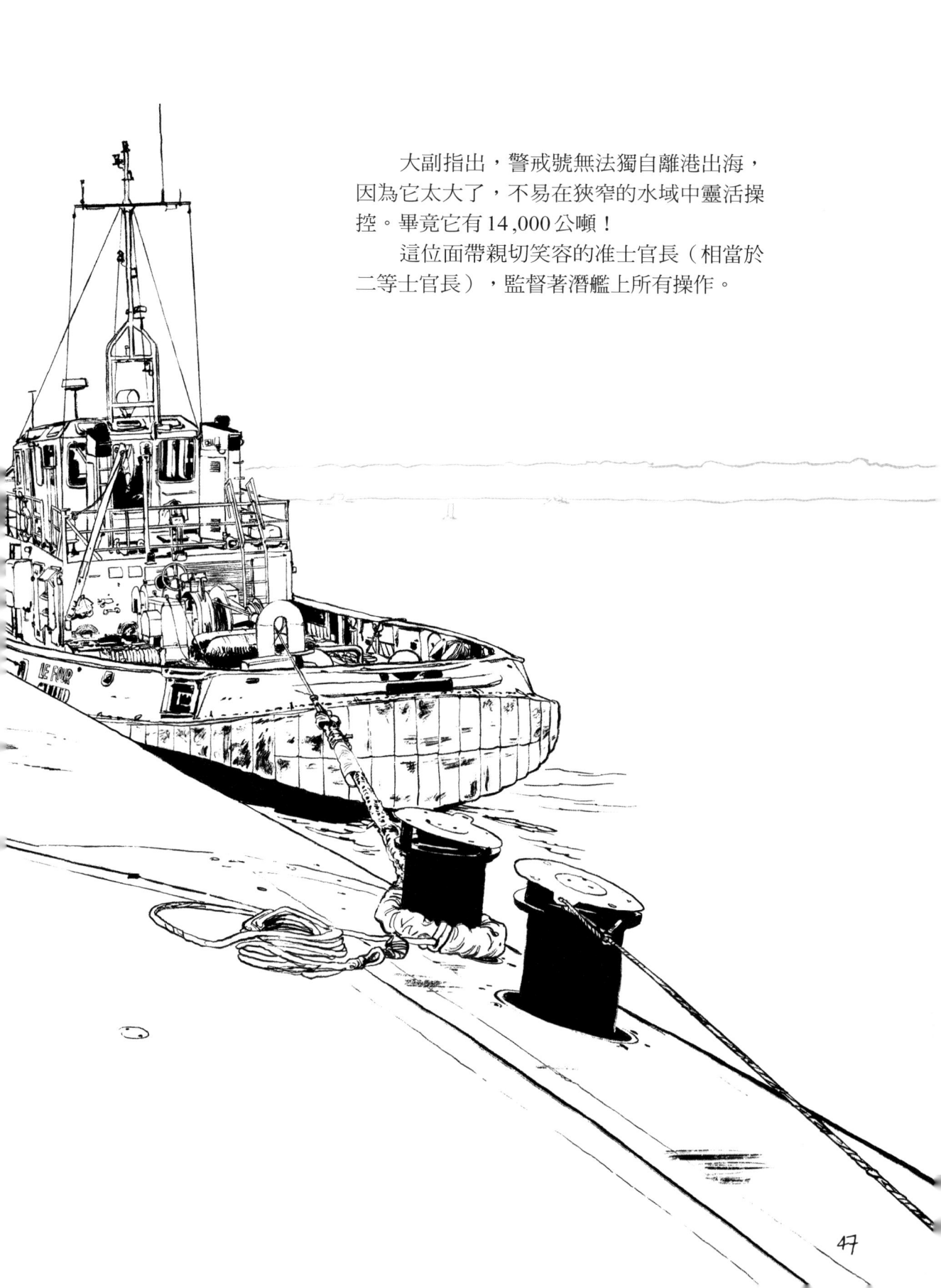

大副指出,警戒號無法獨自離港出海,因為它太大了,不易在狹窄的水域中靈活操控。畢竟它有14,000公噸!

這位面帶親切笑容的准士官長(相當於二等士官長),監督著潛艦上所有操作。

很快的,警戒號擺脫拖船的束縛,它現在可以獨自航行了。或者說,幾乎可以。因為在潛艦周圍,還有幾位守護天使提供近距離的保護,包括海上憲兵巡邏艇、直升機,遠處還有一艘通報艦。

大副說：「我們是非常珍貴的部隊，所以會有其他艦艇相隨。從離港到下潛之前，是最容易暴露行蹤的脆弱時刻。」

此時，一艘以蝴蝶命名的法國海軍艦艇正在靠近，船名為「鳳蝶」（Le Machaon，即上圖中船身標示Y657的船隻）。鳳蝶號是天線裝卸船，也稱為「拉大衣拖尾的隨從」（caudataire）。

它負責施放和裝設一條長長的線性電纜，使纜線在任務期間全程被拖曳在潛艦後面，因此有了上述稱呼。

Caudataire原意指在儀式中替大人物拉長袍或大衣拖尾的人。而它部署的電纜即為拖曳聲納（以纜線與潛艇連接，聲納本體則遠遠的拖在潛艦後方探測，強化偵測能力）。

大副說：「這條達數百公尺的長尾巴是水下聽音器，使我們得以在極低頻的環境工作。然而，這種偵測系統不支援水上導航，為了避免與其他船隻相撞，必須有護送巡邏隊在現場警戒，確保沒有船隻從後方經過。最後，值班軍官也必須考慮到他操控的可是一艘幾百公尺長的艦艇！」

值班軍官正在操作船隻航行，大副則留神觀察。

指揮官負責監視。他在高處的指揮塔平臺上環視四周。我們也跟著登上這個最佳瞭望臺。爬上指揮塔前，要經過一條又窄又暗的通道。

在這個被稱為「浴缸」（baignoire）的小平臺上，幾名軍官和船員圍在照準儀（alidade）旁。照準儀是一種可轉動的瞄準儀器，可以透過地理或天文方向測量角度，屬於一種六分儀（sextant，用以觀察天體高度和目標水平角與垂直角的手持測角儀器）。

第一章 稀釋

航行控制臺：航速6節、航向255！

這裡每一寸空間都很可貴，移動是一大挑戰，因此大家必須手腳並用，進出這個導航平臺甚至要爬行。在這個擁擠的戶外空間上方更高處，指揮官和副作戰指揮官在被稱為「鸚鵡」（perroquet）的管狀棲息臺上，掌控所有操作。

指揮官說：「好了，我們已經駛離港外錨地（供船舶暫時停泊，以等候引水、避風等），進入海灣狹口。不過還是要小心，布雷斯特海岸附近有許多礁石，在這裡航行很危險。」

原本晴朗的天氣轉為陰天，海天連成一片灰濛，看不清地平線，一切都變得模糊難辨。不僅如此，菲尼斯泰爾（Finistère，布雷斯特所屬省分）的天氣說變就變，此時開始下起了細雨。

　　天色灰暗，潛艦載浮載沉。海風強勁，震盪變得激烈，海浪讓我們左右晃動，拖住我們，然後又推我們前進。潛入水下後就不會搖晃，但在海面上航行時，一個橫向波浪打過來，就可能晃得讓人反胃嘔吐。

　　副作戰指揮官說：「在海面上時，由於潛艦沒有龍骨（位於船底的承重結構），機動性較差，有點像是軟木塞漂浮在水面上。而且，待在艦橋時，海浪會直接打在我們身上，所以才稱這裡為『浴缸』。」

　　指揮官說：「若海況允許，我們可以將航速調高至10節。離下潛還有幾個小時的時間。」

　　也就是說，我們還要經歷幾個小時的反胃，才會關閉艙口並封箱。不妨先好好享受波濤吧。

布雷斯特
（BREST）

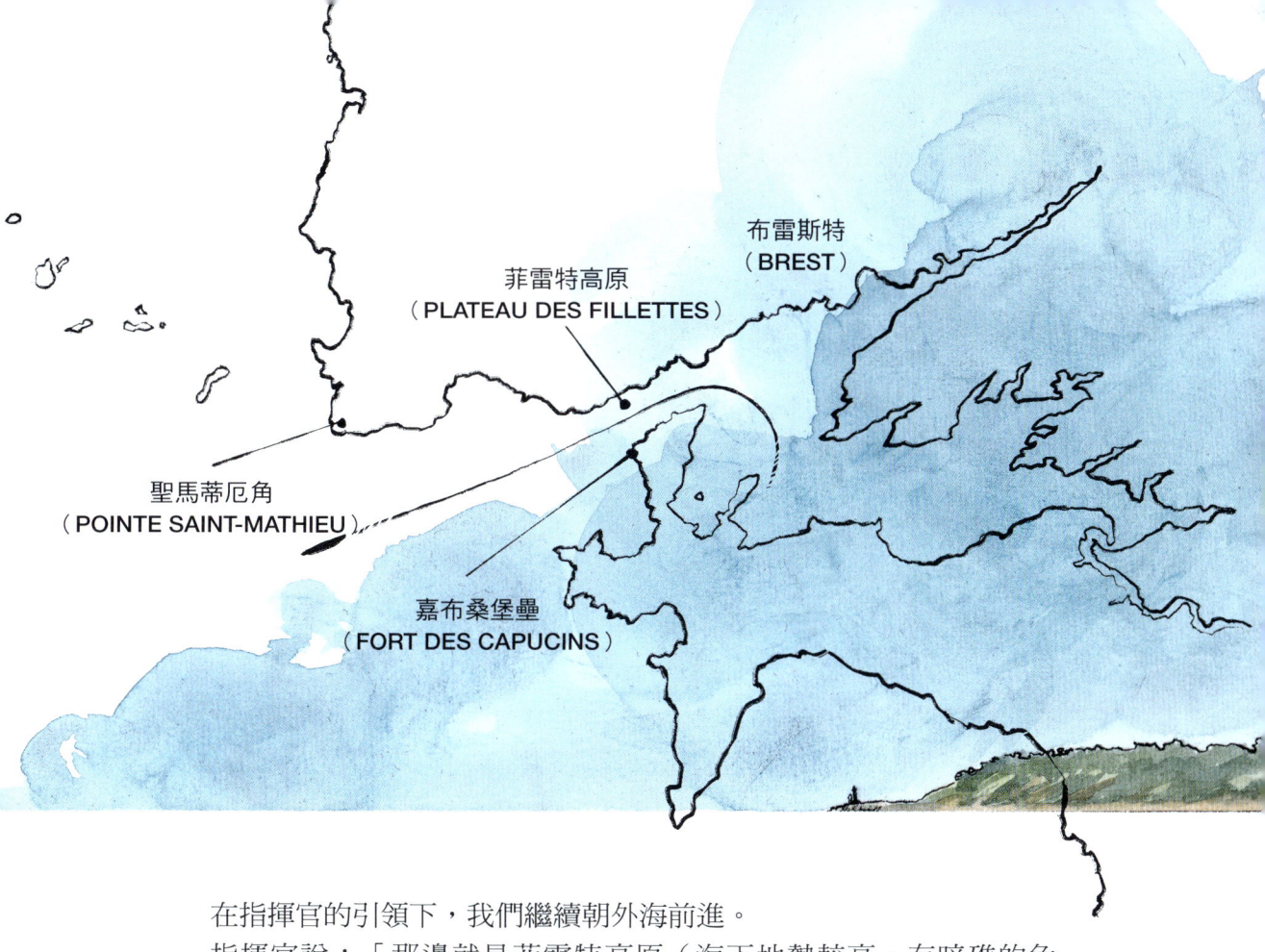

菲雷特高原
（PLATEAU DES FILLETTES）

聖馬蒂厄角
（POINTE SAINT-MATHIEU）

嘉布桑堡壘
（FORT DES CAPUCINS）

　　在指揮官的引領下，我們繼續朝外海前進。
　　指揮官說：「那邊就是菲雷特高原（海下地勢較高，有暗礁的危險地帶），然後是嘉布桑堡壘。路易十四在位期間，法國元帥塞巴斯蒂安‧勒普雷斯特‧德‧沃邦（Sébastien Le Prestre de Vauban）想出小島設防計畫，便將堡壘設在布雷斯特海灣的狹窄入口，極具戰略價值。

　　「馬上就會抵達黑石（Pierres noires）燈塔，也是最後一座燈塔，它照亮並守護著聖馬蒂厄角。看到它會令人開心，這是終點的開端。返航時，我們第一個看到的就是它。它象徵回到陸地、任務結束，以及終於可以和家人團聚。」

我們終於到了外海，遠離家人。法國海軍的古老口號是這麼說的：「防禦從這裡開始。」我們現在仍然在海面上，不過我實在想不通其中一項禁令：我們在眾目睽睽下從長島出發，那麼保密核潛艦的出發日期又有何意義？從岸邊、剛好經過的商船或漁船上，甚至是衛星，都能看得到。

指揮官說：「有人看得到我們，這樣很好，就當作散播訊息的一部分。為了使我們的嚇阻力量可信，的確要有一部分，就一小部分的人看見。之後，我們遠離海岸，在某個時刻潛入水下，當然，這還是在眾人眼前。然後稀釋階段開始，我們走得越遠，位置就越難捉摸。隨著時間推移，我們可能出沒的範圍不斷擴大，幾小時或幾天後將形成超級大的區域，便能成功隱藏蹤跡。

就這樣，四周除了大海，什麼都沒有。沒有陸地，也沒有岩石的阻礙，只有遠處忠實陪伴的護衛艦身影。更遠些有兩個黑黑的小三角形，也只是兩艘帆船從左側經過。時間緩緩流逝，警戒號以穩定的速度前進。白晝漸漸消逝，凶猛的浪濤仍不放棄肆虐。

　　指揮官說：「打開導航燈。是時候該下去控制室，馬上就要下潛了。」

　　首先，要先解除艦橋的武裝。也就是說，要拆除艦橋上的設備。

　　指揮官解釋：「我們必須拆卸『鸚鵡』，並確保帆罩裡所有東西都收妥，即使只是一枚掉在角落的別針。因為一旦出海，它就會持續發出噪音，這就是破綻，很可能讓我們被發現。只有照準儀在下潛過程中會保留在原位。」

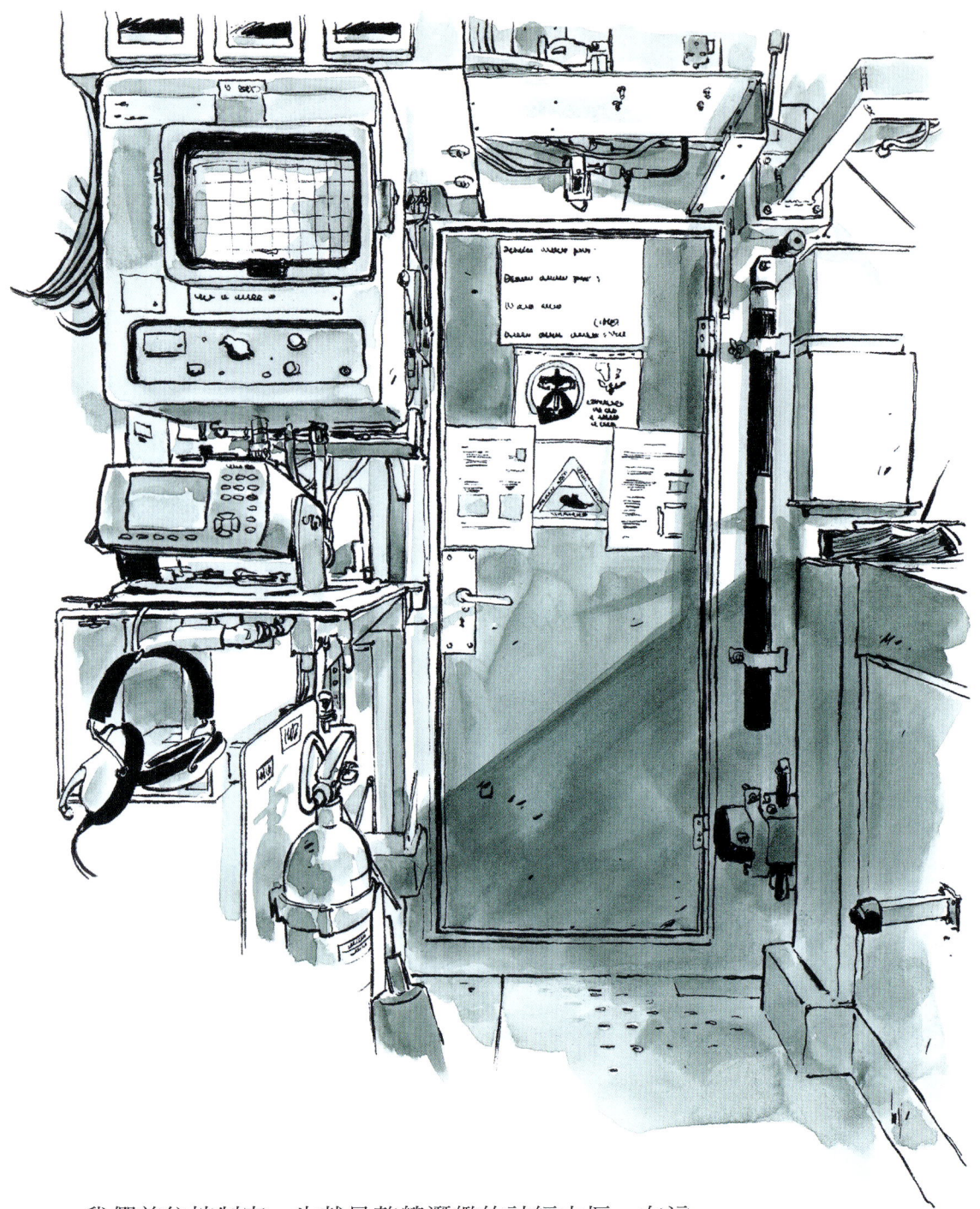

我們前往控制室，也就是整艘潛艦的神經中樞，在這裡利用聲納監控潛艦的航行狀況。

　　控制室看起來像太空船。這裡是一個約50平方公尺的長方形封閉空間，每個小角落都經過設計，發揮最大利用價值。這裡是匯集所有導航和武器的工作站。幾位船員並肩坐在數位螢幕前工作，螢幕透出的光把他們的臉映成藍色。

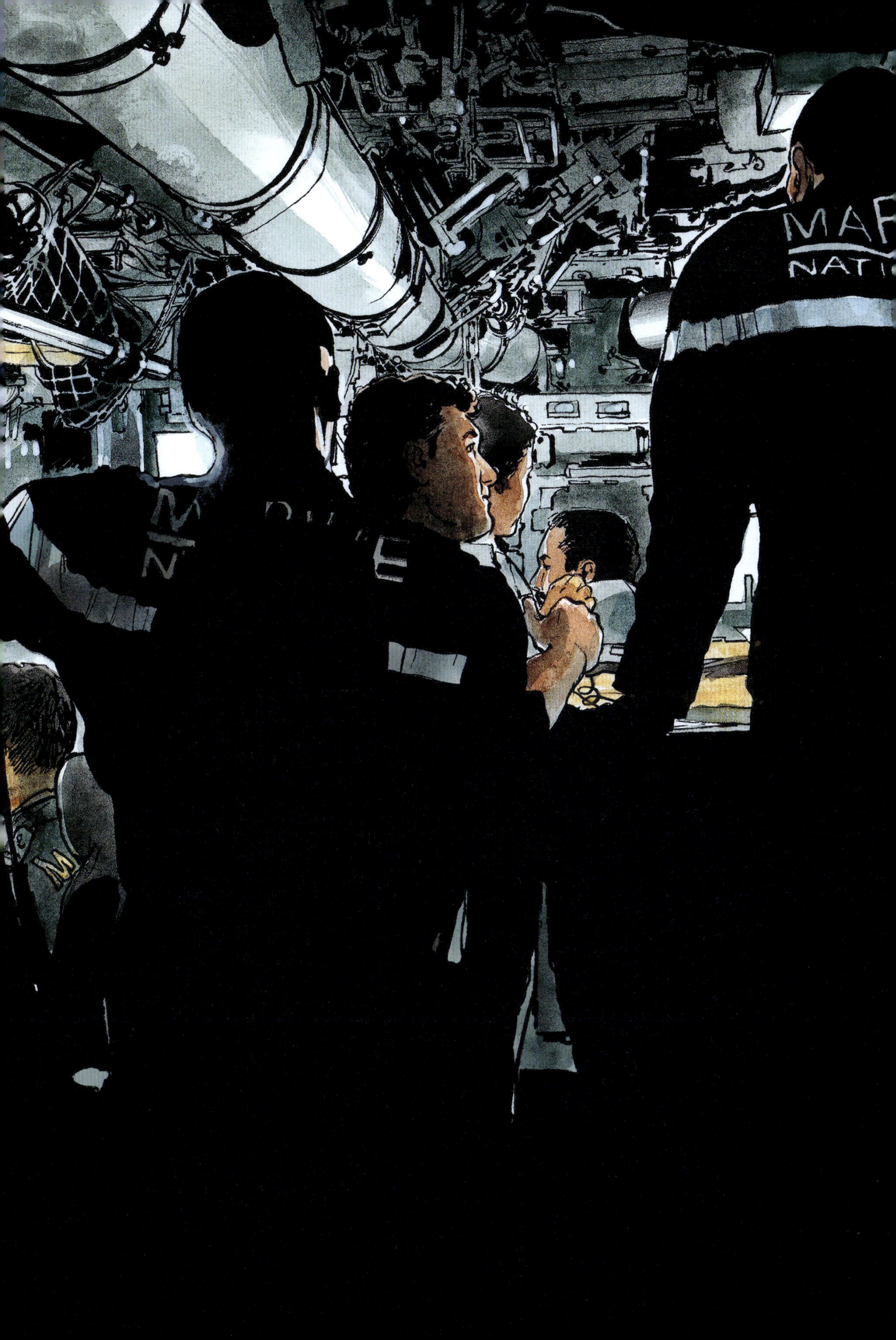

副指揮官向我們介紹：前面是作戰中心（Central Opérations，即控制室）。

控制室劃分成三個區域。第一區是進門的左側，用於監控、操作與導航有關的一切。有一個海圖桌和一臺電腦，可以繪製潛艦在海洋中的實際位置。這個小空間像投票所的圈票處，掛著遮光簾。

理由是，簾幕後發生的事只跟有必要知道潛艦位置的人有關：比方說值班軍官、指揮官、副指揮官……一般人無權知道。

一般人還可以理解，普通船員呢？

也沒有必要知道。

正在航行的船員並不知道航線，這就好像某句俗語：重要的不是目的地，而是旅程。

在海軍，這稱為「僅知原則」，而不是上述那種浪漫情懷，不過我們稍後再回頭聊這個。

第一章 稀釋

副指揮官接著介紹:「然後,同樣是左邊的第一區。沿著長長的作戰中心,有一排控制臺,所有與作戰有關的東西都在這裡,包括聲納、周遭戰術情勢建立與分析。

「簡單來說,在潛行時,我們看不到外面,也絕對不能為了使用潛望鏡而上浮。然而,了解四周環境是必要的。例如:海面上的交通情況如何?周圍有什麼?船隻的類型是商船、漁船還是軍艦?是敵是友?是潛水艇嗎?

為了精確分析戰略情況,最有效的工具就是聲納。操作人員會密切觀察,並找出可能在附近的各種物件。這些操作人員就是潛艦的眼睛。

到了房間最裡面,往上可以看到兩個特殊控制臺。那是飛彈控制臺。」

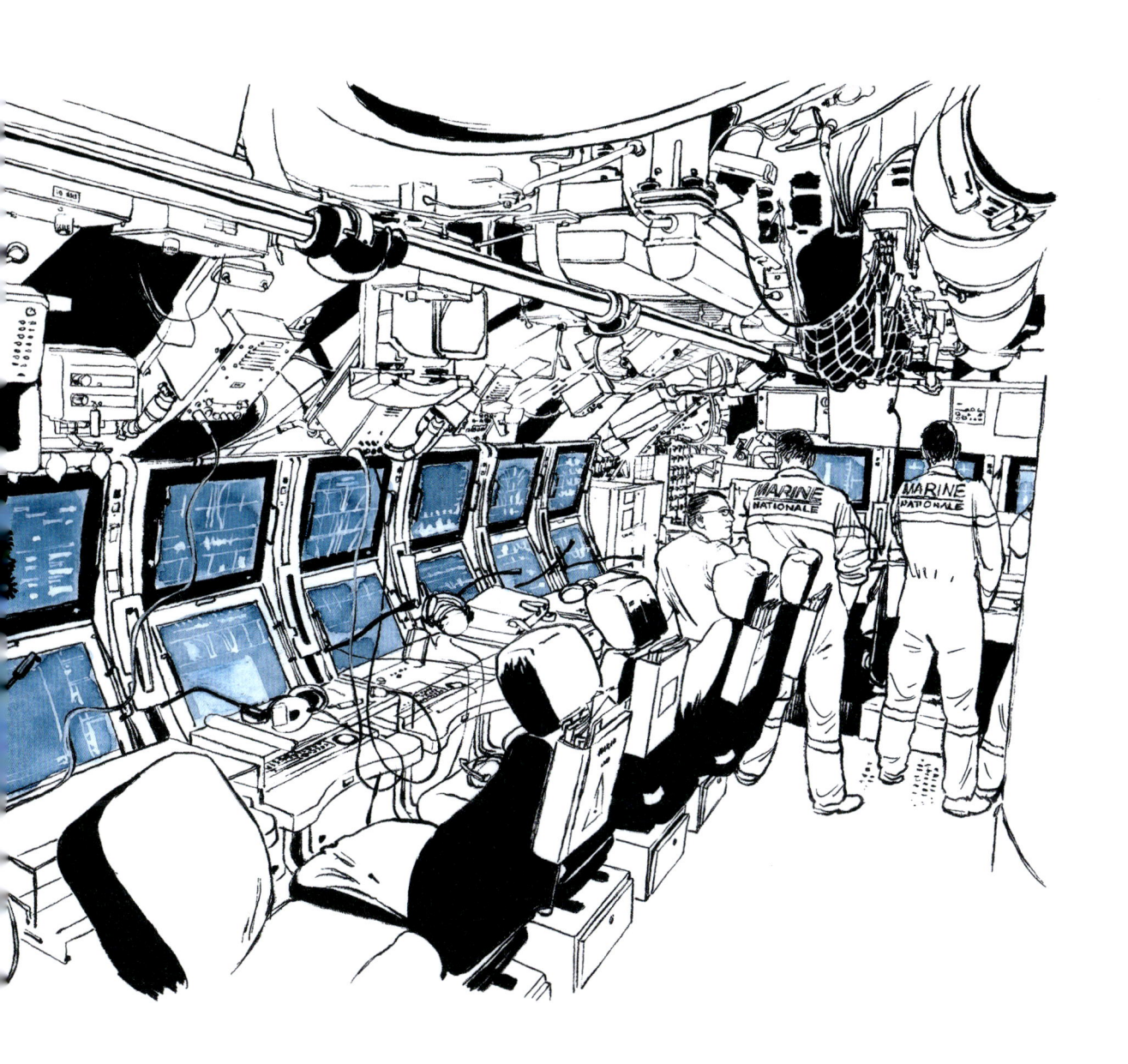

「右邊可以看到航行控制臺,也就是說,所有與潛艦駕駛有關的都在這裡。

「然後是潛水安全表,它會標示電力配置、通風以及操作潛水桿所需油量等,是觀察潛艦整體情況的大型綜合儀表。

「還有潛艦浮沉箱控制臺,負責控制潛艦下潛或上浮。」

第一章　稀釋

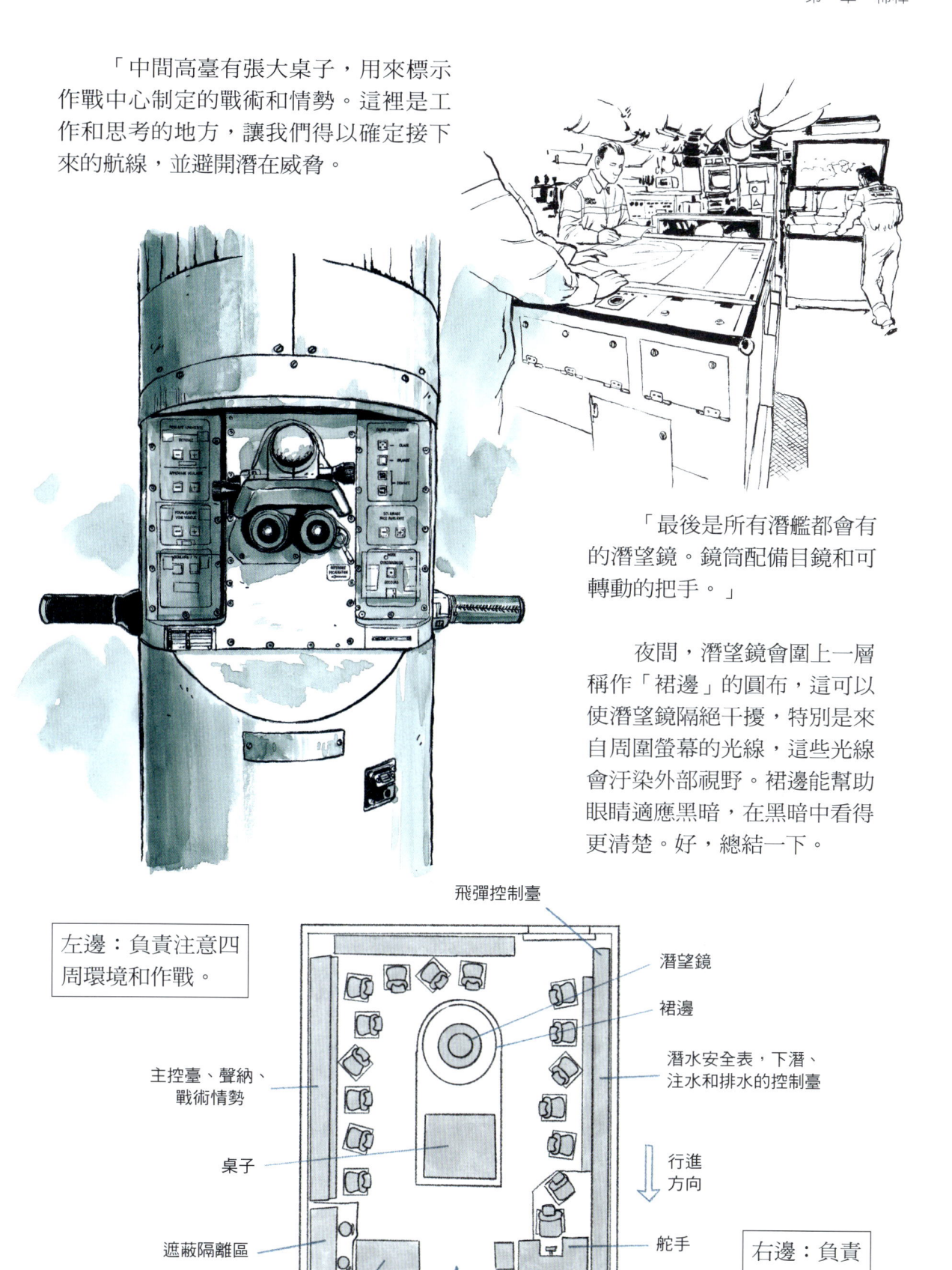

「中間高臺有張大桌子，用來標示作戰中心制定的戰術和情勢。這裡是工作和思考的地方，讓我們得以確定接下來的航線，並避開潛在威脅。

「最後是所有潛艦都會有的潛望鏡。鏡筒配備目鏡和可轉動的把手。」

夜間，潛望鏡會圍上一層稱作「裙邊」的圓布，這可以使潛望鏡隔絕干擾，特別是來自周圍螢幕的光線，這些光線會汙染外部視野。裙邊能幫助眼睛適應黑暗，在黑暗中看得更清楚。好，總結一下。

左邊：負責注意四周環境和作戰。

飛彈控制臺
潛望鏡
裙邊
潛水安全表，下潛、注水和排水的控制臺
主控臺、聲納、戰術情勢
桌子
行進方向
遮蔽隔離區
舵手
地圖
入口

右邊：負責駕駛潛艦。

61

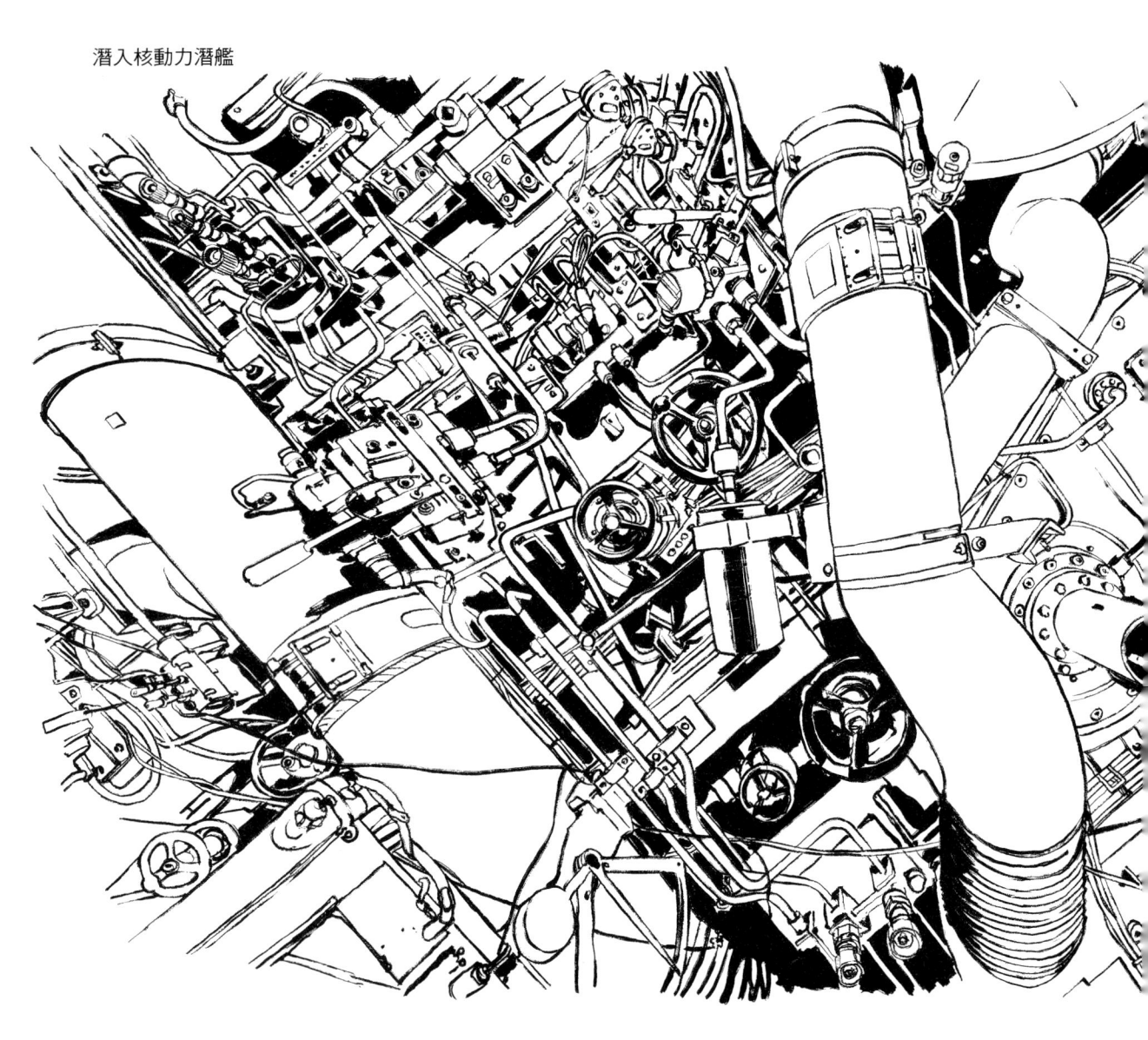

前文「概括」描述了控制室的明顯空間，另外還有幾個特點，像是明暗對比的工作環境、天花板上糾纏如麻的管線、吹送乾冷空氣的通風系統一直隆隆作響。突然，傳來重要宣布……。

「封箱！」

「氣閘艙已關閉。」

「潛艦準備下潛！」

「很好。」

然後是一片安靜。

　　指揮官對值班軍官說：「如果你確認無誤就發出警報。」

　　「警報！」這是最具代表性的口令之一。這項指令會通知所有艙室，潛艦準備下潛。

　　副指揮官補充：「『警報！』一定要加上驚嘆號，因為這個命令一向大聲發布。不僅要大聲呼喊，還要按3聲喇叭加以強調！聽起來就像1930年代房車的喇叭聲。」

第一章　稀釋

「壓艙即將打開洩水閥並下潛。」

「摀住耳朵！」

噗嘶──！

「2號和5號壓艙已打開！」
「3號和4號壓艙！」

副指揮官說明：「簡單來說，這項操作是將壓艙內的空氣排空，接著注入海水以便下潛。與此同時，還要抵銷艦橋進水時所增加的重量，避免俯仰角過大和下潛速度過快。」

開始下潛。

突然，一批「安檢人員」進入控制室巡視，拿著手電筒快速檢查各個區域和檢修面板。在這裡，難道滲水比火災更令人擔心？

「兩樣都令人擔心，所以我們會定期巡視，檢查潛艦的防水性能是否完全正常。我們一直戒慎恐懼。」

63

「但有一點你可能不了解，潛艦的殼體結構上有許多通水孔，這些通水孔為船上生活所需的海水迴路提供水源。我們會從大海汲取水源，有些是定時取用，有些則是長期取用，以生產淡水或鍋爐房所需的核子蒸餾水。這是一種講求相互協調與精準操作的水密控制。」

此時，所有人的目光都轉向舵手。他是一位年僅20歲的船員，第一次掌舵核動力潛艦。

這位船員說：「我有汽車駕照和14,000噸的駕照⋯⋯哈哈哈！」他身上繫著舵手座的安全帶，舵手座已經事先被細心的調整方向，朝向船艏。

潛艦的舵手是「盲駕」，只能聽從命令做出動作：向右或向左、上升或下降。

第一章　稀釋

在他旁邊，稍微後面、較高的座位上，坐著魚雷長，他是控制室的訓練官，負責監督駕駛操作的資深海軍軍官。其角色介於師徒制和陪同駕駛之間，只不過這裡的「車輛」是核動力的，載有110名乘客、16枚核飛彈，並且朝海底急速下降。

指揮官說：「下降至潛望鏡深度（Immersion périscopique，縮寫為IP）。」

魚雷長說：「潛望鏡深度是用來參考下潛時的深度。也就是潛望鏡的鏡眼剛好露出水面，而帆罩的頂部依然在水面之下。這是最棘手的操作之一。

「此時，指揮官會利用這個短暫的時間，透過潛望鏡360度的觀察海平面，以確認戰術情勢。主要是為比對聲納偵測到的訊號和視覺情報。」

魚雷長接著說：「潛望鏡深度是容易受到攻擊的深度，而且伴隨碰撞風險。在巡邏時，這種操作是特殊情況，因為它可能構成嚴重的破綻。換句話說，潛艦容易被發現。」

現在，潛艦以負縱傾（船頭至船尾的傾斜方向，負縱傾指船首比船尾低）的角度下潛。受到潛水艇傾斜的影響，在下潛過程中，人們的站姿就像比薩斜塔（Torre di Pisa）。由於失去平衡，有些人會抓住控制室上方的金屬欄杆。

電子螢幕上顯示著深度，一名船員認真的一公尺接著一公尺報數。年輕的舵手費勁的掌舵，他經過模擬器的訓練後，現在要面對實際的航行。大家已經感覺到他無法將船穩定在要求的深度。

指揮官提醒陪伴駕駛的海軍軍官：「控制你的駕駛員。」
於是海軍軍官提醒他的駕駛員：「控制你的傾角。」

年輕舵手感受到巨大的壓力，不是來自深海，而是來自他的上級。這位年輕舵手一定在腦海中苦苦煩惱，他會好好反省他的第一次。

潛入核動力潛艦

我們稍微上升了一點。一切進行得很順利，警戒號被穩定控制在潛望鏡深度。指揮官站在潛望鏡前快速檢視海平面。

「護衛艦距離5,000公尺！」

這位守護天使一直都在。

「情況相符。」（譯註：指聲納偵測與潛望鏡觀測結果相符。）

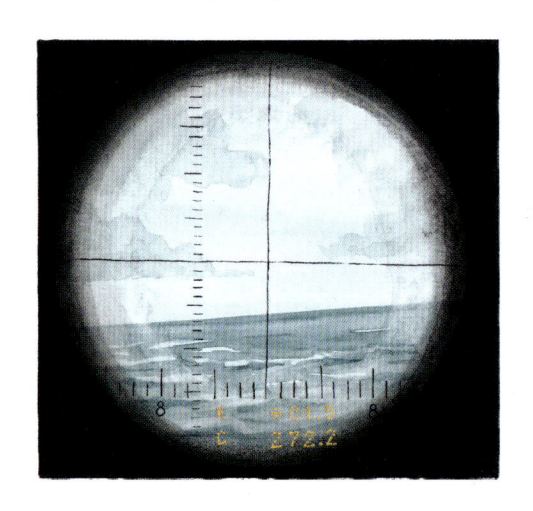

透過與潛望鏡連結的螢幕，我們可以看到黑白的視訊畫面：三分之一是海面，三分之二是天空，中間是不斷翻騰的海水，遮擋著視線。然後一切結束了，收工。我們沒有時間流連於這片景致。

指揮官說：「我們繼續下降。」

一公尺接著一公尺下潛，直到安全下潛深度（Immersion de sécurité，縮寫為IS）。這個深度的確切數字是不會公開的，但我們確信，即使是世界上最大的船，也不可能在這個深度撞到我們。

我們很快脫離碰撞範圍，但此時用不了潛望鏡，潛艦現在開始已經看不見周圍環境，那麼它如何確定自己的位置和航線？

導航部一名船員給了初步答案：「潛入海底時，我們不可能使用全球定位系統（Global Positioning System，縮寫為GPS）。很多事情在陸地上看起來很簡單，比方說開車，你可以直接使用GPS即時顯示所在位置，然後輕鬆的規畫路線。但是，GPS是透過衛星和電波運作，我們在下潛時接收不到訊號。

「然而，航行時的定位是保護安全的關鍵。如果不知道自己在哪裡，就無法在地圖上標示潛艦位置；如果不知道方位，就無法朝正確方向發射飛彈。」

那麼，如何解決沒有GPS的問題？

「答案是：慣性導航系統（Inertial Navigation System，縮寫為INS）。這是集合一系列感測器的裝置，從海面上某個參考位置開始，感測器會偵測並分析船隻的各種運動、加速、角度等。一旦出發，這些感測器將會記錄所有的行動，並傳送到計算機，將這些數據轉成位置資訊。如此便能定位船隻、避開危險並維護航行安全。」

150公尺⋯⋯一點一點往下。

到底要下降到多深？

副指揮官說：「我們可以一直下降到『P』（profondeur）。」

P是什麼意思？

「P代表最大下潛深度。我們不會透露數據。」

至少讓我有點概念。超過300公尺？還是幾十公尺？

「無可奉告。就是下降到P。」
潛望鏡深度、安全下潛深度和最大下潛深度是潛艦的三大下潛參數。

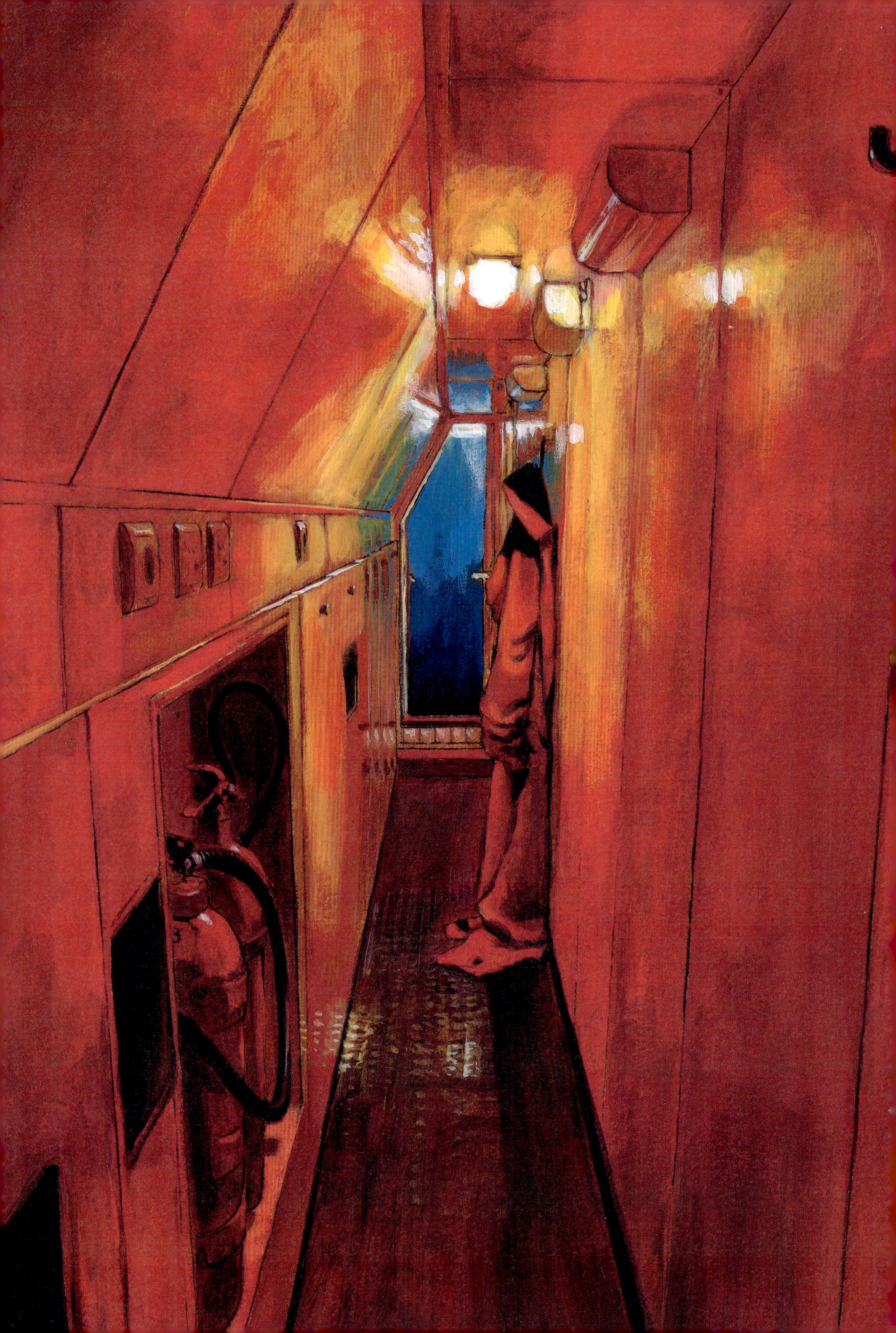

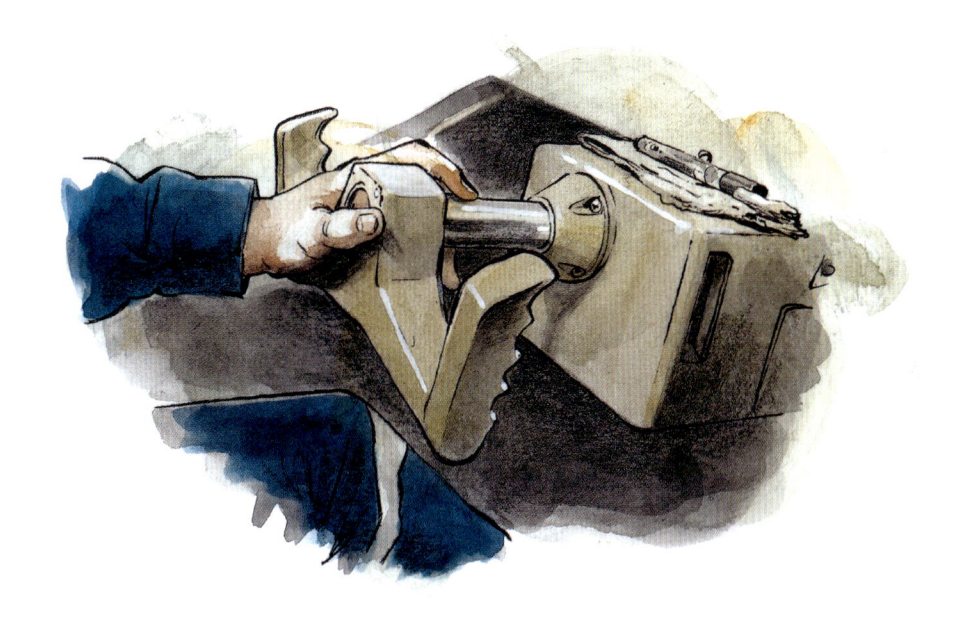

警戒號在深海中繼續下潛，洶湧的海浪已成回憶。一段時間後，通道的燈光轉為紅色，代表夜晚降臨。一切都很平靜，我們就這樣「消失」了，與世隔絕。

希臘哲學家亞里斯多德（Aristote）認為世界上只有三種人：活人、死人和海上的人。他當時一定沒有想到會出現另外一小群人，在海底的另一個世界勇敢拚搏。

第二章
金耳朵

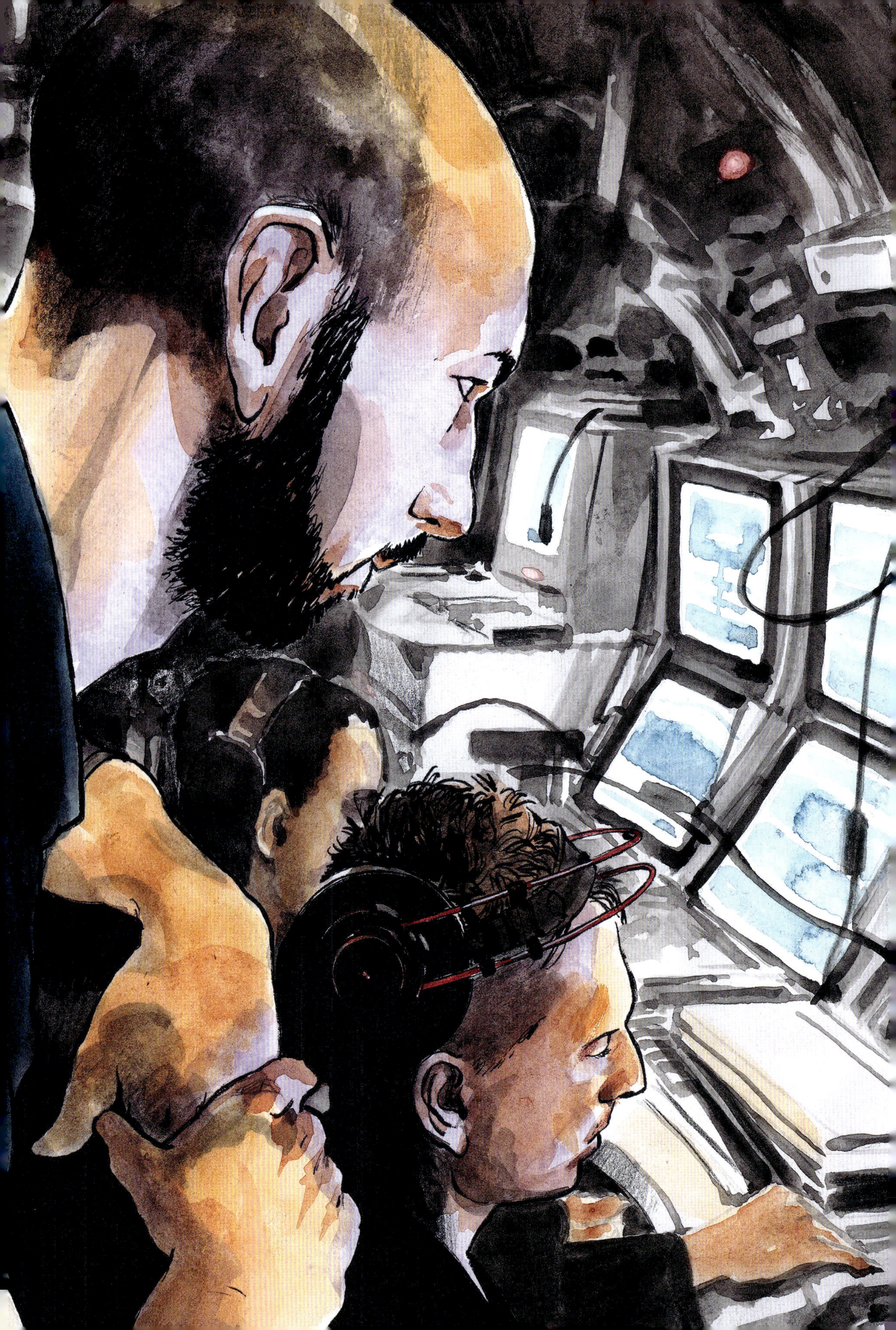

第二章　金耳朵

夜魔俠（Daredevil）是漫威漫畫（Marvel Comics）中的超級英雄。這位失明的俠客擁有不尋常的敏銳特質：代替視覺的「雷達」感應。

雖然潛艦船員不求得到超級英雄的地位，但潛航時他們同樣看不見，因此需要聲納來彌補失去的視覺感官。

聲納相當於水下的空中雷達，可以探測到水面上或水下的船隻，準確判斷潛艦的周圍環境，以確保航行安全。核潛艦上的聲納屬於被動式，這些聲納不會發出任何訊號，只傾聽和偵測水中的聲音，是非常高性能的大耳朵。

在負責核潛艦戰術的多位操作人員中，有一位聲學分析作戰員，他常被稱作「金耳朵」……或者我們應該說「他們」，因為警戒號上有兩位，綽號分別是可立柏斯（cribs）和日布拉得（gerboulade）。

他們的綽號都取得莫名其妙，沒人記得或想要記得綽號的由來。總之，他們的專長是追蹤、分類和辨識軍艦。

他們兩位坐在指揮艙的左側區域，耳朵整天貼著耳機，輪流仔細檢查螢幕上顯示的圖表和數據，這些資料對一般人來說，根本無法解讀。

「其實和普遍的認知不同，我們並沒有絕對音感。絕對音感也沒辦法讓你分辨軍艦或商船的聲音特徵。

「但可以確定的是，如果我們聽不出低音或高音，那可就麻煩了！哈哈哈！」

「這純粹是經驗。我們花了許多時間反覆聆聽聲學詮釋與辨識中心（Centre d'interprétation et de reconnaissance acoustique，縮寫為CIRA）資料庫裡好幾千個錄音檔，該中心位於土倫（Toulon）的海軍基地。

「CIRA是法國孕育金耳朵的地方，該資料庫不斷發展，使我們能夠分類在水下聽到的所有聲音，這需要努力練習和實踐，而不只是靠本能。」

分類是指什麼？

「判斷我們聽到的是商船、漁船還是戰艦……如果是戰艦，必須能夠說出該戰艦的名稱。」

你的工作不只是聽耳機裡的音訊？

「不，單單音訊還不夠，耳機和螢幕是密不可分的。聲音會呈現在螢幕上，每一個噪音都會被轉錄成一種軌跡、線條。每條軌跡都是記錄噪音來源與我們的相對位置變化。而噪音來源有可能是一艘船，也可能是鑽油平臺。」

你們在船上如何工作？

「一切從『分類員』開始，他們是坐在我們旁邊的操作員，負責辨識螢幕上的軌跡。利用聲納，他們首先會排除生物、帆船或商船，這些都不是我們感興趣的。

「接著，一旦發現軍艦，我們才會開始工作。簡單說，分類員是通才，而我們是專才。」

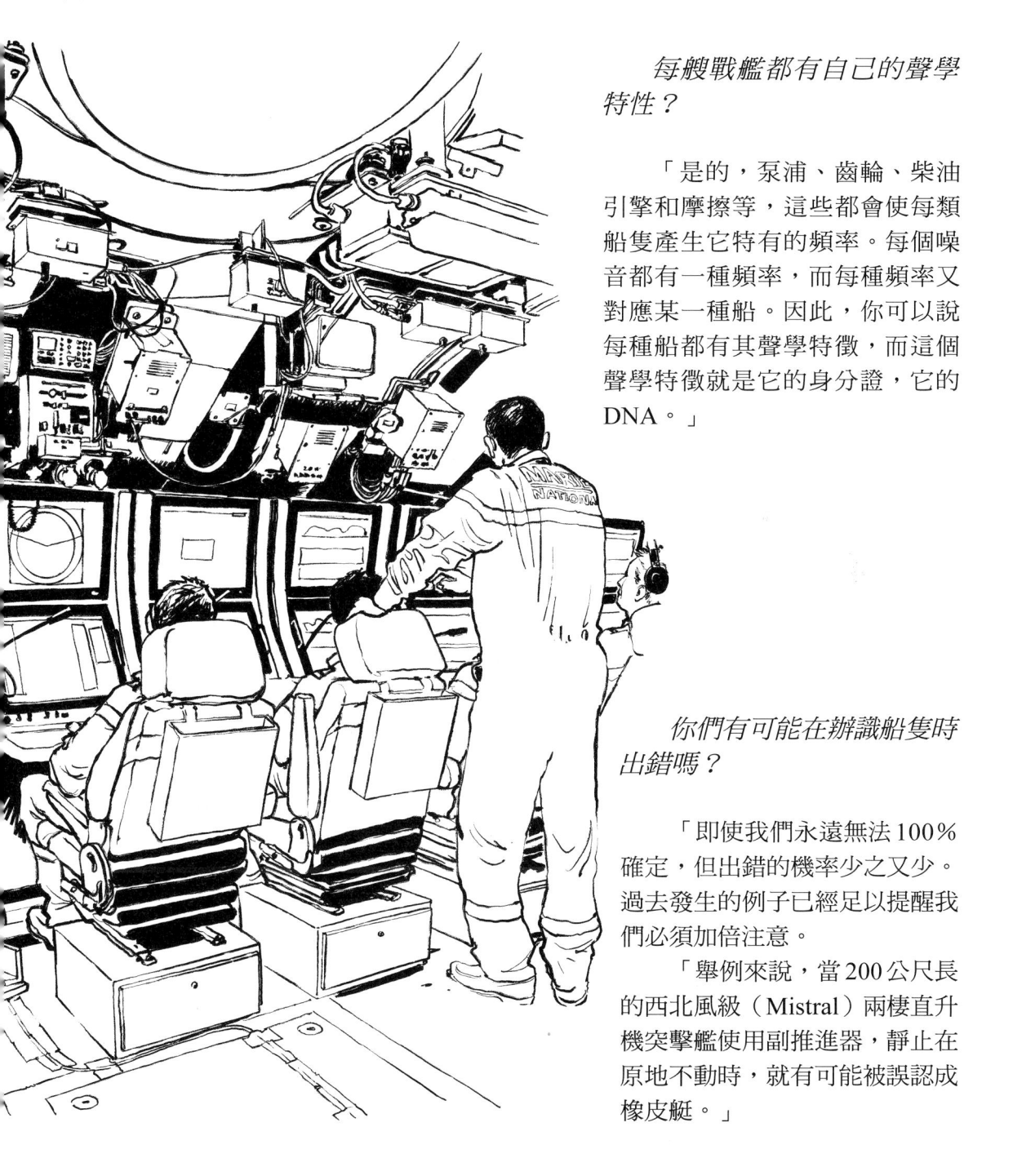

每艘戰艦都有自己的聲學特性？

「是的，泵浦、齒輪、柴油引擎和摩擦等，這些都會使每類船隻產生它特有的頻率。每個噪音都有一種頻率，而每種頻率又對應某一種船。因此，你可以說每種船都有其聲學特徵，而這個聲學特徵就是它的身分證，它的DNA。」

你們有可能在辨識船隻時出錯嗎？

「即使我們永遠無法100%確定，但出錯的機率少之又少。過去發生的例子已經足以提醒我們必須加倍注意。

「舉例來說，當200公尺長的西北風級（Mistral）兩棲直升機突擊艦使用副推進器，靜止在原地不動時，就有可能被誤認成橡皮艇。」

您有一套方法論嗎？

「首先，我們的聲納相當強大，可以偵測到人類耳朵聽不到的訊號，並在螢幕上產生一條軌跡。這就是我們所稱的『警戒標準』。

「安靜無聲的東西並不尋常，很可能是潛艦、帆船或戰艦，因此我們就會開始蒐集特徵資料，並將其分類。如果是帆船，我們可以聽到纜繩碰撞桅桿的聲音，這種撞擊聲稱為『瞬間噪音』（transitoires）。

「雖然設計軍艦時講求隱蔽性，但它的輔助設備往往會暴露其蹤跡，使我們得以發現它。例如螺旋槳的氣蝕現象（Cavitation），螺旋槳在水中旋轉時會產生氣泡，而氣泡又因低壓而引發內爆。不同的船隻類型，會產生不同噪音。」

第二章　金耳朵

能說得更具體些嗎？

「以螺旋槳為例，首先我可以聽到葉片的數量：5個。接著，我聽到了哨音。哨音來自螺旋槳和渦輪機之間的減速齒輪，就像汽車的變速箱。利用聲納分析器，我們可以推算出齒輪的齒數，進而重建整艘船隻的推進系統結構。

「而當我們以不同的推進速度截取更多聲音時，就能獲得更多動力配置特徵。再比對我們的資料庫，甚至就能單憑它的聲音判斷是哪艘船隻。」

或許可以將您比喻為精通各種鳥鳴的鳥類學家。

「哈哈哈……類似。除了資料庫和定期訓練之外，我們還有一套自己的辨識標準，我們會使用狀聲詞形容。例如，像壁爐柴火的劈啪聲，或沙鈴的聲音，甚至是蚊子的嗡嗡聲。有時也能只看螢幕就辨認出目標！

「慢慢累積經驗後，自然就能抓到訣竅。比如某些生物訊號的圖形特徵非常明顯時，我甚至不需要戴上耳機就能分辨。」

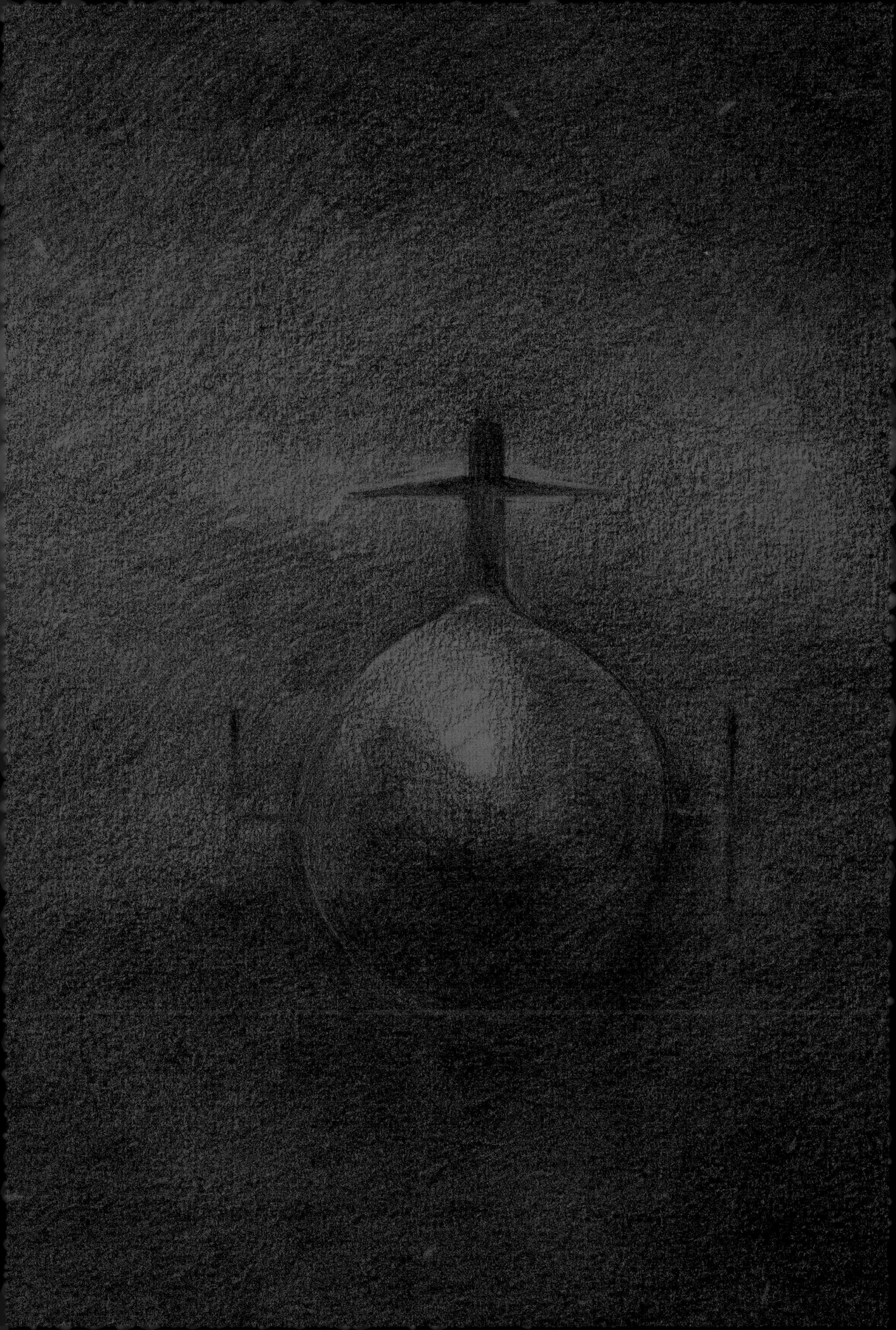

你們的聲納系統強大嗎？

「與其說它強大，不如說精巧。」

水不會阻礙聲音的傳播嗎？

「正好相反，在水下反而比空氣中更有優勢。聲音在水中的傳播速度是在空氣中的四倍，大約每秒1,500公尺，在水面上則是每秒340公尺。除此之外，聲音在水中的速度還要視溫度、鹽度和壓力而定，也就是深度。」

聲音能毫無阻礙的傳播嗎？

「即使再小的魚都可能成為障礙物。當頻率越高時，就越容易受到小型障礙物的影響；當頻率越低時，則越容易受到大型障礙物影響。」

能「看」得很遠嗎？

「視環境而定，有時我們能聽到很遠的聲音。」

很遠？

「非常、非常遠……。」

非常、非常遠？

「幾十公里遠。不過也要看海況。就像在很安靜的劇院，舞臺上的一點聲響都很清晰。但在熱鬧的演唱會，你可能連旁邊的人說話都聽不清楚。在大海也是一樣。」

「如果船隻遭受風浪，截取到的聲音就會改變。此時，我們會聽到船隻在水中的碰撞聲，接著突然聽不到螺旋槳的聲音，然後再度聽到。螺旋槳的設計適合在水流均勻的環境下運作，只要所處環境一改變，螺旋槳就會受到壓力，因此產生不同的聲音。

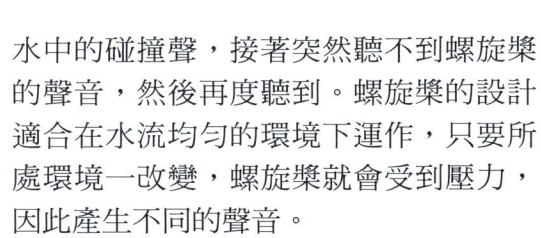

「事實上，沒有任何東西的聲音是固定不變的，這也和你的感官有關。」

有辦法躲避你們的聲納嗎？

針對這個問題，他先是尷尬的沉默了一刻，然後才接著回答：「比方說，有些潛艦確實會故意釋放很強的頻率，以掩蓋船體原本發出的頻率。」

第二章　金耳朵

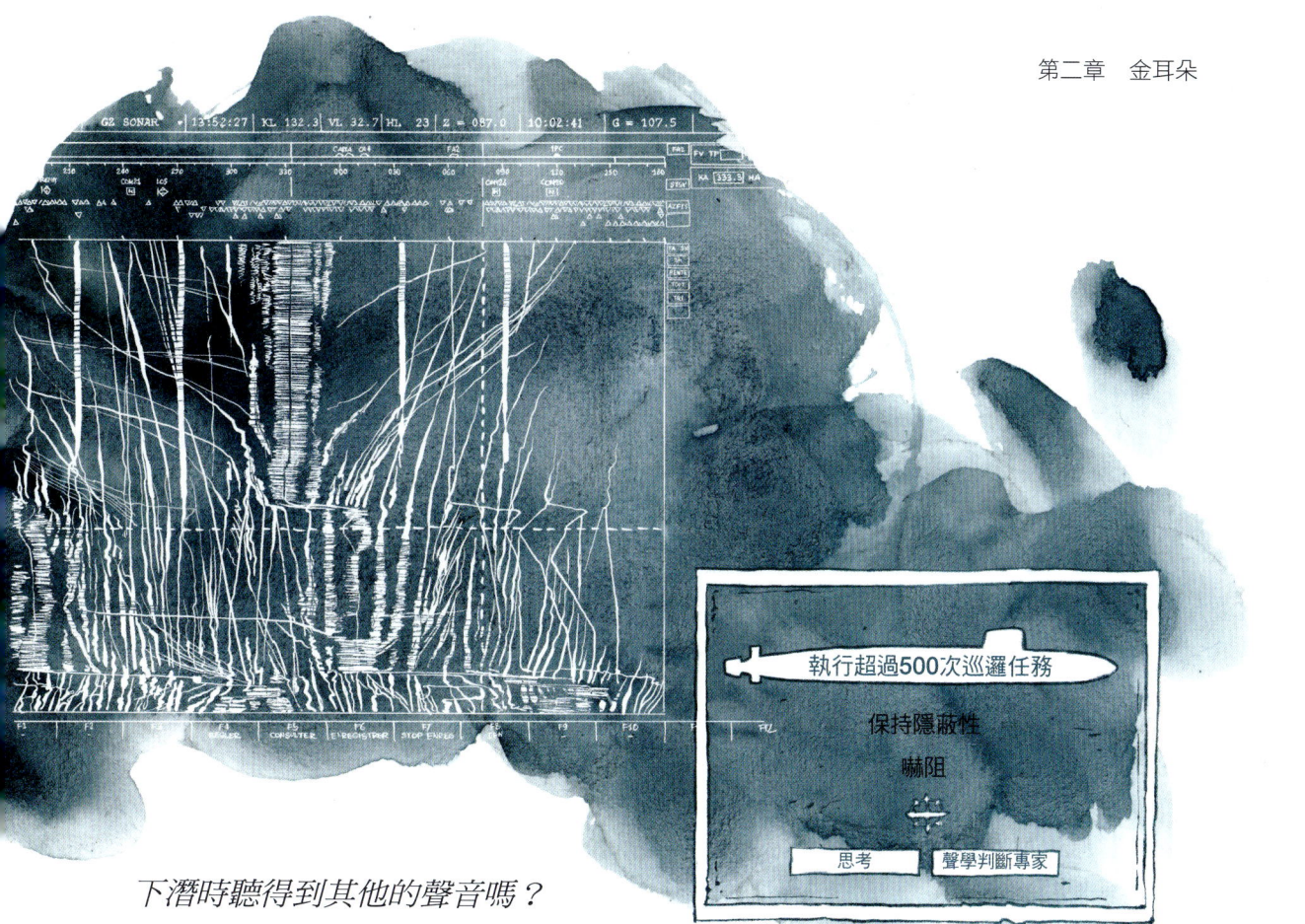

執行超過500次巡邏任務

保持隱蔽性

嚇阻

思考　聲學判斷專家

下潛時聽得到其他的聲音嗎？

「我們什麼都聽得到：閃電打雷、下雨、鯨魚、蝦群，還有鑽油平臺、冰山，甚至地震。」

那麼要如何隱藏自己？競爭對手的金耳朵想必也在試圖辨識你們。

「核潛艦的目標是隱藏自己，避免被發現。為了做到這點，利用深海洋流可以讓聲音的傳播扭曲失真，就像在洞穴中說話一樣。有一些空間和航道可以讓我們航行並『自我隔離』，以免被察覺，成為終極攻擊神器。」

隱蔽、匿蹤、無聲⋯⋯但是，在潛艦上的通風系統、推進器、水泵和輔助設備之間，還有人員活動，這些都令人合理懷疑它是否真的寧靜。在一個重達14,000噸的鋼筒內，要如何疏導和控制這些噪音源？

這些問題由警戒號的聲學判斷部門回答，他們是潛艦的防噪大隊。

士官長羅里（Laury）說：「首先，為了達到更好的隔音效果，所有輔助設備都安裝在如同搖籃的搖架和避震器上。然後，我們會啟動振動監測，四處裝設的感測器能幫助我們追蹤噪音，即過量的訊號。」

過量訊號？言下之意，在某個限度內的音量是可接受的？

「舉例來說，潛艦每下降10公尺，船體所承受的壓力就增加1巴（bar）。船體受到壓力會變形，並膨脹或收縮，因此發出噪音，而我們的專業就是將噪音控制在一定的⋯⋯相對範圍內。」

81

「潛艦的設計本身就是為了保持低可偵測性,且擁有特定的聲學特徵,而我們的目標是盡可能控制這個『聲音輪廓』。若經過這一切努力仍被偵測到,那很可能就是存在人為疏失,或是因為一個瞬間噪音。」

瞬間噪音是指?

「門砰的一聲關上、掉落的扳手撞擊到地面⋯⋯這些都是引發聲響的不當行為,且馬上就會被察覺。例如,一把鑰匙敲到船殼,也就是金屬和金屬撞擊。在海洋環境中,像這樣的金屬撞擊所發出短促的『匡噹』聲,就很容易令人起疑。

＊只有兩種船:潛艦和目標船。

「瞬間噪音在聲納區的反射很強烈,因為海底除了潛艦,不會有其他物品,所以這是很重大的疏失。例如,不慎遺留在帆罩裡的一顆螺絲,就很可能變成一場噩夢。

＊保持隱密以求任務成功。

「隨著船身搖晃,螺絲會滾動並撞擊船體。一旦潛入水下,我們再也無法補救。但是,就目前來說,潛艦因為瞬間噪音引發災難的情況還算少見。」

警戒號是重達14,000噸的靜默。這艘船是一座墳墓。

第三章
僅知原則

這是在船上最常聽到的特定語句之一。
畢竟，下潛至海底幾個小時後，我們總不免想要問：
我們在哪裡？

指揮官說：「這裡有許多祕密和最高機密。『我們在哪裡』這個問題，所有船員都知道的話，又有何意義？難不成要在世界地圖上釘上彩色圖釘？有必要知道我們的位置嗎？祕密就是要保持密不透風、滴水不露。

「更簡單的說，自古以來大家都知道：守住祕密的最好方法，就是不告訴任何人。所以，重要的事情或機密，只會對有必要知道的人透露，這就是我們所說的僅知原則。

「潛艦的位置只有監控航行的指揮官、副指揮官和值班軍官可以取得相關資訊。雖然有些船員會聲稱在取水採樣時，可以根據水的鹽分或溫度定位到船隻，例如寒冷的海水代表靠近極區，較溫暖則靠近赤道。

「這個方法確實可行……但，附近幾千公里的海水也都是一樣的，布署的可能空間還是很大。」

海洋是廣闊無邊的。

第四章

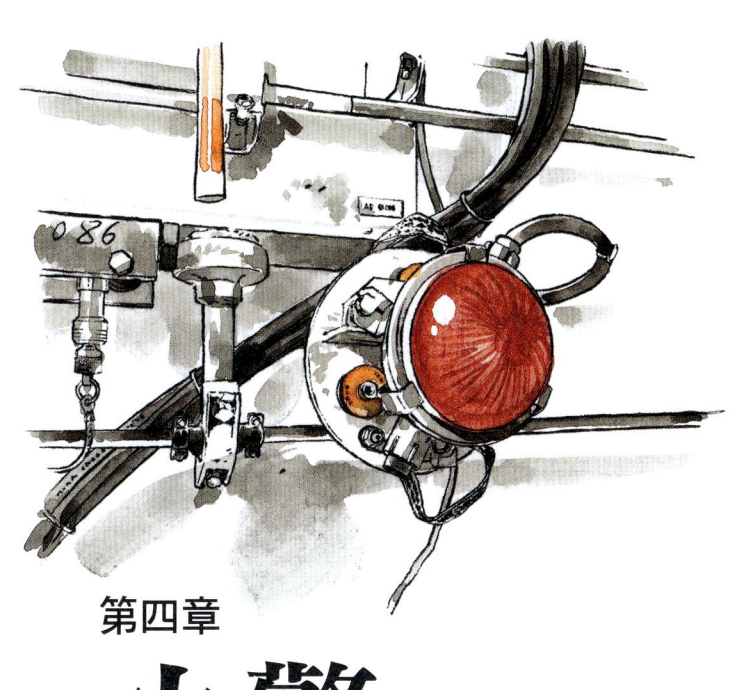

火警

一開始是刺耳且拉長的喇叭聲，
接著，廣播發布警報：
潛艦後部發生火警。

大多數船員聽到後，立刻採取行動。

「戰鬥效率取決於反應速度。」為此，最簡單的行動原則就是：第一個抵達現場的人，就是第一個救援人員。

當然，還必須找出確切的起火點。

「在鍋爐房附近！」

擔任重型消防員的船員穿上整套消防裝備，看起來就像個太空人。

其他人則戴著防火帽和呼吸面罩。他們朝艦體後方移動，並沿途把各自的呼吸管插接到不同的進氣口。困難的地方在於，周圍的人都在行動，你必須盡快連接進氣口，但不能慌。

第四章 火警

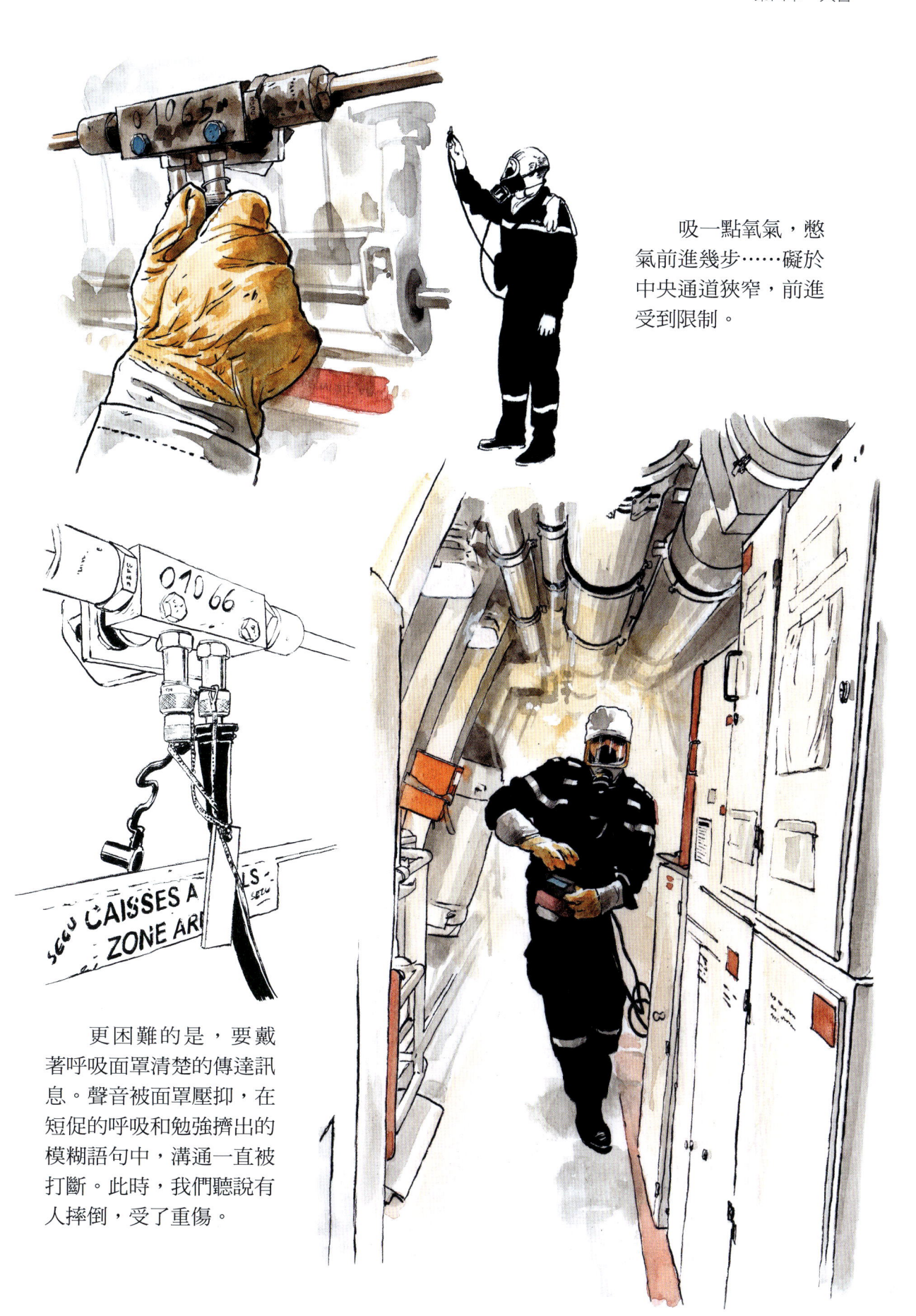

吸一點氧氣，憋氣前進幾步……礙於中央通道狹窄，前進受到限制。

更困難的是，要戴著呼吸面罩清楚的傳達訊息。聲音被面罩壓抑，在短促的呼吸和勉強擠出的模糊語句中，溝通一直被打斷。此時，我們聽說有人摔倒，受了重傷。

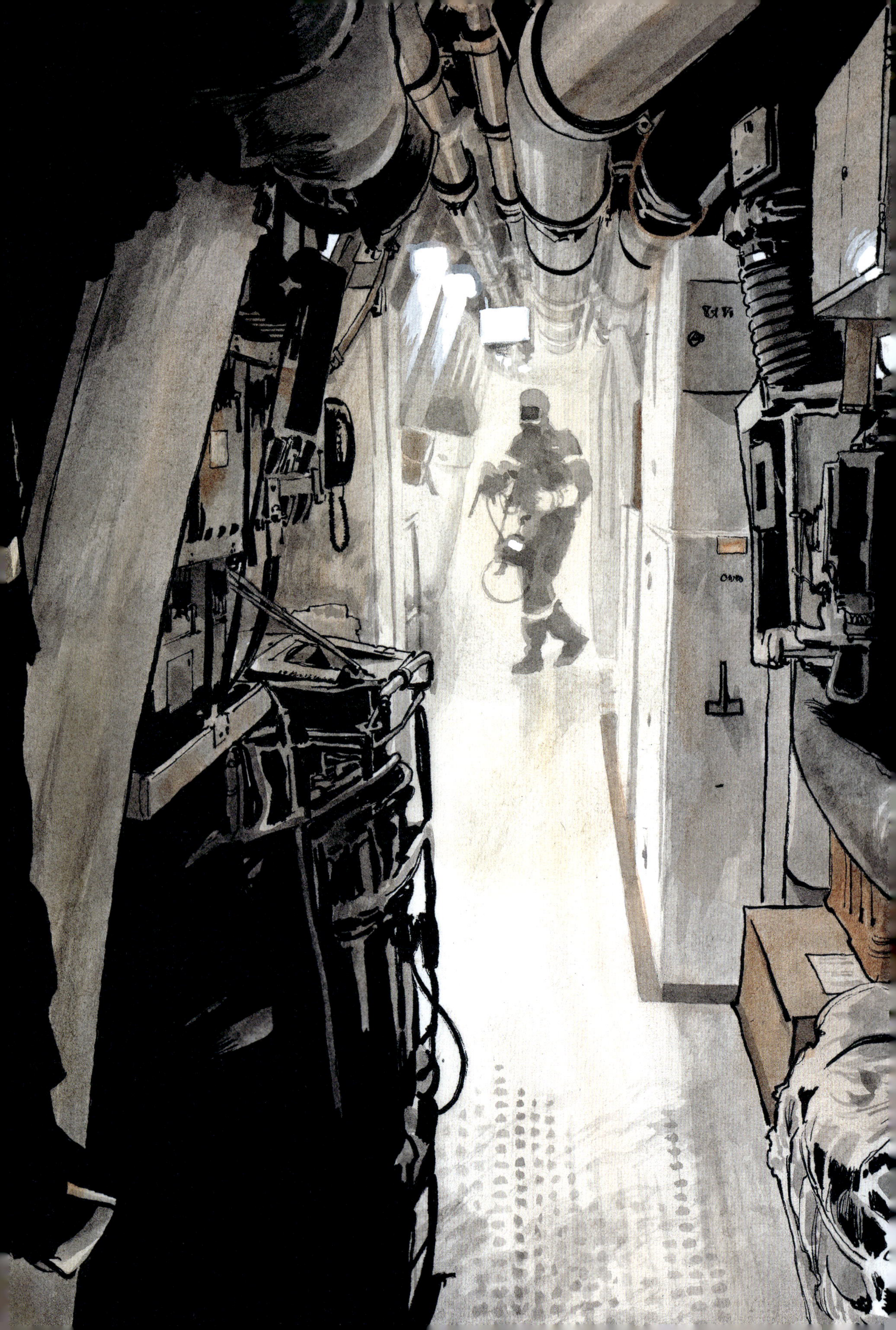

第四章　火警

　　起火點很快就被找到，火勢也得到控制。原來是電箱發生短路，竄出濃煙。現在，我們必須抽換潛艦內流通的空氣，讓潛艦恢復正常運作。

95

潛入核動力潛艦

　　傷者被抬上擔架，頭部用頸托固定，手臂則用繃帶包紮。主廚放下廚房的工作，幫忙抬送傷者。

　　醫護兵開始急救，醫生則在一旁報告傷勢。

＊診斷結果：
　失去意識，左臂開放性骨折，嚴重急性頭部創傷！

第四章　火警

大家準備把躺著的傷患抬到上層的醫務室。但是，想要穿過狹窄的逃生通道，將患者運送到上層甲板，這段過程簡直是特技表演，吊帶和扣環都出籠了。

抬高擔架，用力拉，
傷患發出微弱的呻吟。

97

終於將患者送達醫務室。這一個小小的空間，必要時還可以當成急診室和手術室。副指揮官也在場，因為他在核潛艦負責的諸多工作，也包括在手術時協助醫生。

副指揮官說：「我也因此必須學一些基本動作，例如握住牽開器。」

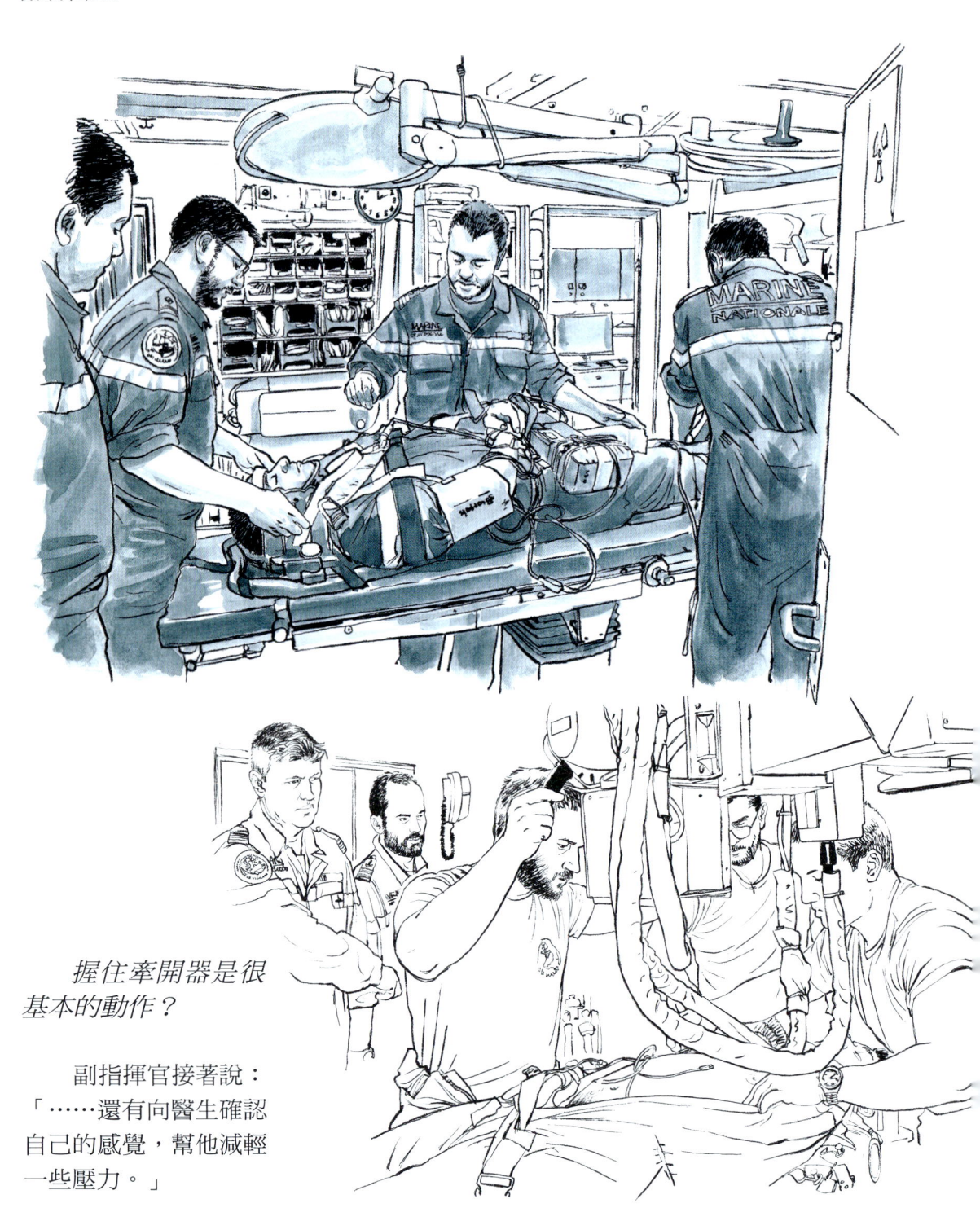

握住牽開器是很基本的動作？

副指揮官接著說：「……還有向醫生確認自己的感覺，幫他減輕一些壓力。」

第四章 火警

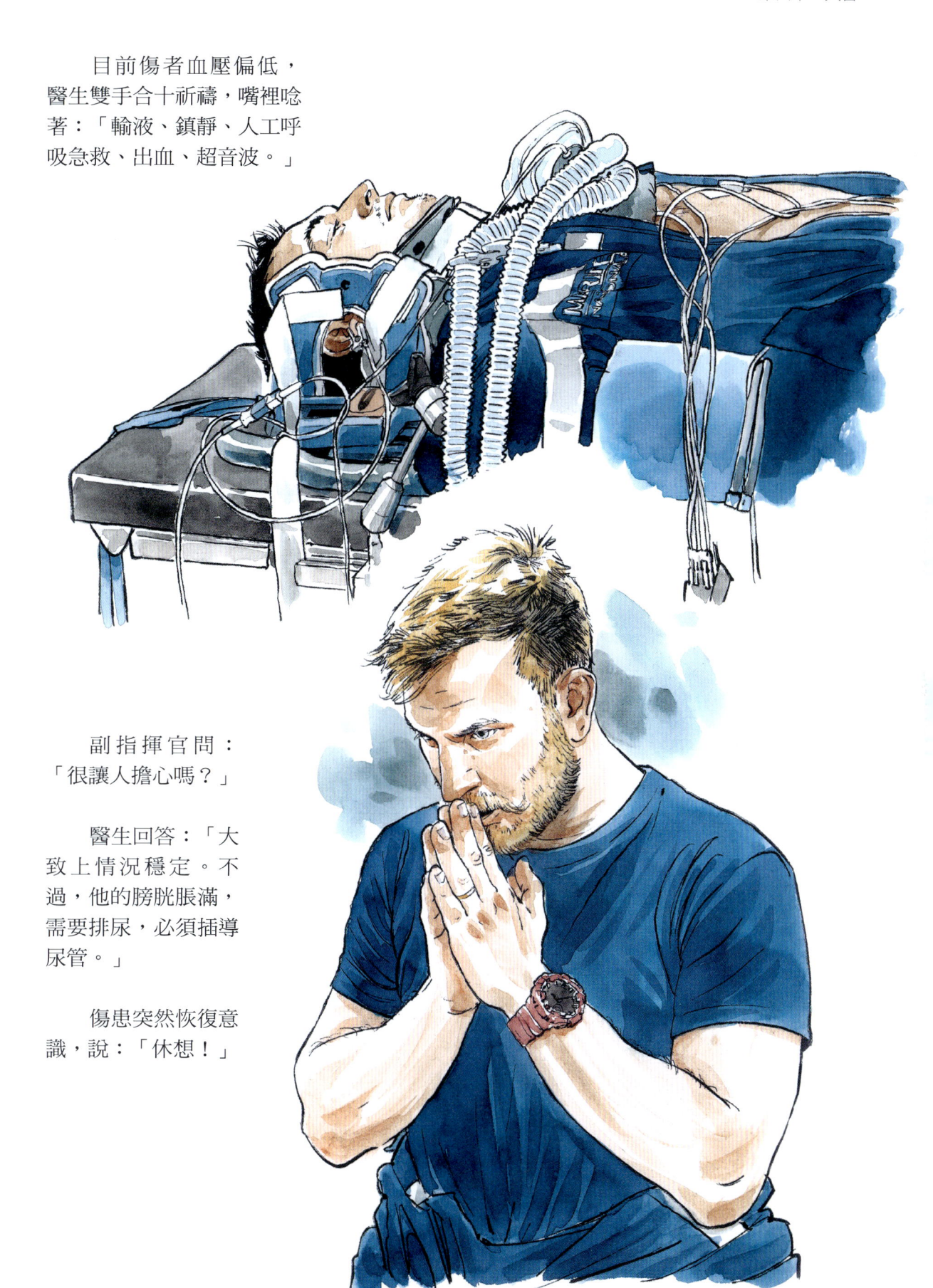

目前傷者血壓偏低，醫生雙手合十祈禱，嘴裡唸著：「輸液、鎮靜、人工呼吸急救、出血、超音波。」

副指揮官問：「很讓人擔心嗎？」

醫生回答：「大致上情況穩定。不過，他的膀胱脹滿，需要排尿，必須插導尿管。」

傷患突然恢復意識，說：「休想！」

99

在進一步處理傷患之前,醫務官和副指揮官首先向指揮官報告。他們在軍官活動室內開了緊急會議。

醫生此刻說話不再那麼瑣碎,他唸著他的筆記:「傷者已被送回醫務室並插管。有大出血現象,目前用4條止血帶控制住了出血量。傷患失去一半的紅血球,我的想法是給他輸血,船員中有兩名潛在的捐血者⋯⋯不過,這只是穩定病情的措施而已,只是為了爭取時間。我認為他需要撤離,因為他的頭部傷勢嚴重。」

副指揮官問:「理想的撤離時間是多久?」
醫生說:「24小時內。」
指揮官:「根據什麼標準?頭部傷勢嗎?」
醫生:「以及出血情況。」
副指揮官又問:「有失去手臂的危險嗎?」

醫生強調:「不只,有失去生命的危險。我不能持續使用止血帶,止血帶綁越久,他就越可能失去手臂,但如果移除止血帶,他會失血過多。」

指揮官說:「請提供更詳細的資訊以協助做出決定。」
醫生說:「就目前而言,傷者情況穩定,但我缺乏設備。」
指揮官卻指出:「缺乏設備不是撤離標準。」
副指揮官說:「你認為他適合空中救護運送嗎?」
醫生回答:「是。」
副指揮官問:「把他抬到上面(編者註:帆罩頂部)的過程,不會讓他沒命嗎?」
醫生說:「在我看來,撤離是唯一選擇。」
指揮官:「接下來⋯⋯。」

第四章　火警

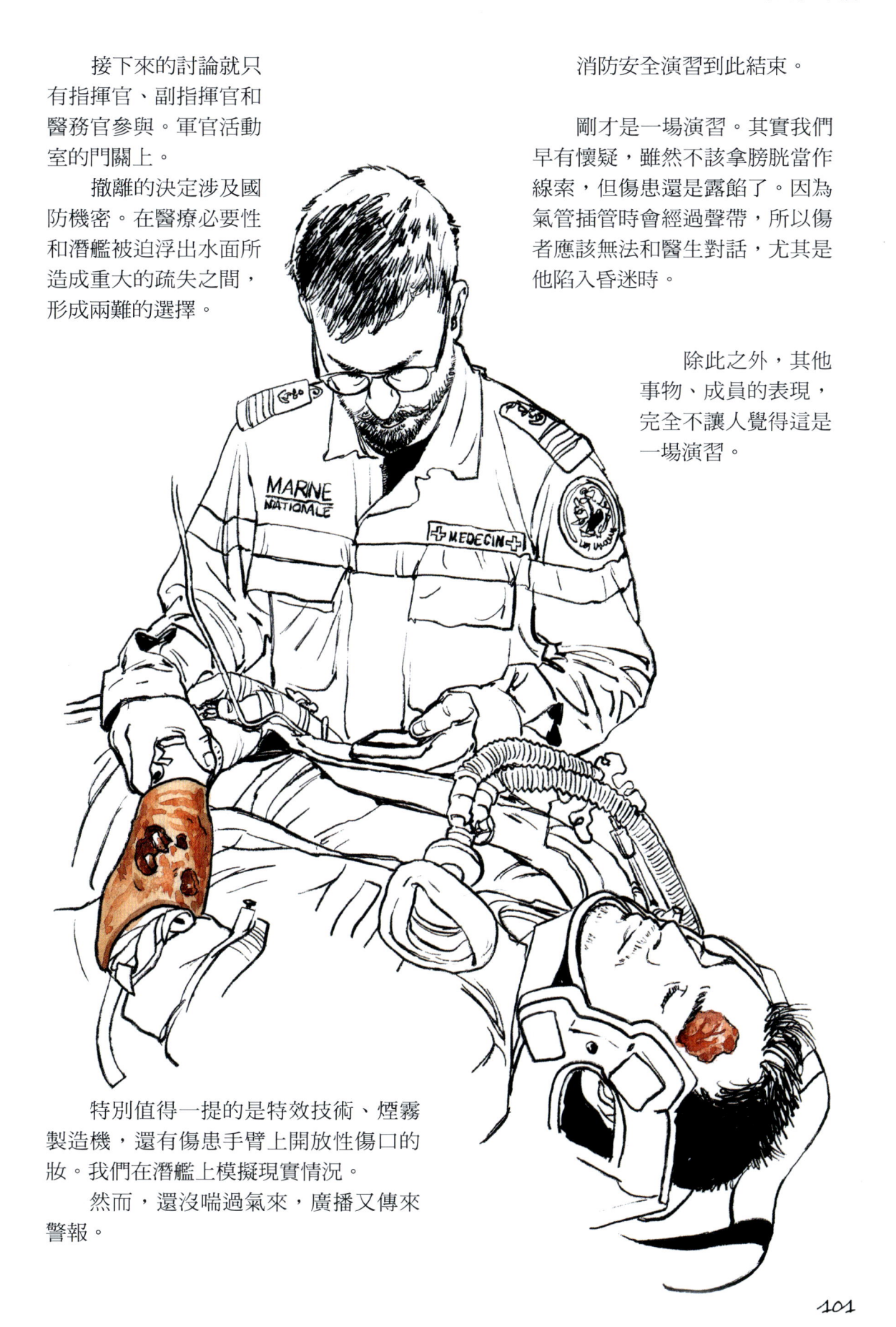

接下來的討論就只有指揮官、副指揮官和醫務官參與。軍官活動室的門關上。

撤離的決定涉及國防機密。在醫療必要性和潛艦被迫浮出水面所造成重大的疏失之間，形成兩難的選擇。

特別值得一提的是特效技術、煙霧製造機，還有傷患手臂上開放性傷口的妝。我們在潛艦上模擬現實情況。

然而，還沒喘過氣來，廣播又傳來警報。

消防安全演習到此結束。

剛才是一場演習。其實我們早有懷疑，雖然不該拿膀胱當作線索，但傷患還是露餡了。因為氣管插管時會經過聲帶，所以傷者應該無法和醫生對話，尤其是他陷入昏迷時。

除此之外，其他事物、成員的表現，完全不讓人覺得這是一場演習。

101

「核鍋爐房發生事故！」

很明顯的，這次難度提高了，足以考驗船員的反應力和耐力，連剛脫下全套裝備的年輕水手都感到緊張：「該死，又來了！」

另一位比較有經驗的船員調侃他：「你要活出你的熱情……你報名加入就是為了這個啊！哈哈哈！」

劇本與安全演習的情境，是由潛艦上的訓練部指揮官精心設計。

訓練部指揮官說：「這次演習的目的是訓練習慣動作。一旦遇到真實情況，這些重複訓練能讓每個人毫不遲疑的以最快速度反應。

「這有點像俄羅斯心理學家伊凡‧巴夫洛夫（Ivan Pavlov）的方法：多次反覆演練，才能在真實的情況中應付壓力。畢竟船員們的生活少不了風險。

「沒錯。我們在魚雷、飛彈、柴油、氧氣、氫氣、核電站、大量的壓力迴路和高壓電力裝置旁生活，而包圍我們的大海，其深度和溫度都不適合人類生存。我們在最小的空間裡，集中了最大量的工業風險，即使只是一般正常運作便是如此，更不用說還有軍事風險。

「我們每個人都記得核動力攻擊潛艦翡翠號（Émeraude）在1994年發生的意外，高溫水蒸氣突然噴出，造成艦上10名海軍士兵死亡。我們從這場悲劇汲取教訓。」

聽完這一段，我看法國海軍招募處可以拉下鐵門了。

「不，因為風險是可控的！在訓練期間，我們每天進行2～3次的安全演習。這能讓我們的團隊隨時待命，為戰鬥準備就緒、為法蘭西共和國總統的緊急命令準備就緒、為應對故障損害準備就緒。」

第四章　火警

潛艦船員最害怕什麼？

「最大的恐懼是進水。海水的侵入會使潛艦變重，把我們拖向海底，令我們無法浮出水面。不過，我們有足夠的技術設備讓潛艦非常安全，可以預防這種損害。」

如果設備失效，該如何解決？

「必須急速回到海面，這樣的緊急情況拖延不得。假如是飛機失去引擎動力、即將墜毀，它需要迅速找到能緊急降落的地方。但對我們而言，正好與飛機相反，首要任務是朝海面方向浮起。」

最糟情況呢？

「最糟情況？我們有獨立的救生艙，就像一顆大型的熱水球，需要用鑽的進去。但只有遇到極端情況才會使用。」

103

回到醫務室，這裡通常是看診處，平安時期則是咖啡館。入口處張貼了歡迎的告示：「我們不是最好的，但這裡只有我們！」

艦上的醫療服務團隊由碼頭上見過面的兩名醫護兵和一名醫生組成。在這裡，大家以職稱相稱，像是指揮官、副指揮官、軍官、某單位官、部門主管……他們則稱我「博士」、「博士先生」，或直接叫我的名字。

醫療部的基本工作內容是什麼？

醫生說：「從家醫科、小病到外傷都包括在內。首先是檢驗登艦的適應能力，確保出航執行任務期間，我們的團隊成員狀況良好，在封閉空間中生活幾週也沒問題。」

第四章　火警

醫生接著說：「我受過一般內外科醫師訓練，如同我們平常看的家庭醫生。此外，我加修了幾項專科，如熱帶醫學、運動醫學和戰爭醫學。成為潛艦醫生之前，還要接受2年的特別培訓，學習潛艦操作到核子衛生與輻射防護等。

「我們有能力在潛艦巡邏期間處理很多傷勢及各種基本手術，像是盲腸炎、骨折、內部器官損傷、手部外傷、骨科，還有牙科、眼科和精神科。事實上，我們匯集了醫院許多科別。

「由於在核潛艦上必須靠自己解決問題，因此也必須不斷提高我們的醫療能力。我的工作必須遵守一個簡單的要點：核威懾。為了確保潛艦的嚇阻力量，我們必須保持隱蔽。而只有當它在深海時才能匿跡，若浮上水面進行醫療撤離，就有被反偵測的風險。這也意味它的威懾力量不再可靠。

「因此，我的工作就是確保不會撤離。登艦前的體檢就是為此目的，在巡邏任務開始時，我負責檢查全隊船員，包括指揮官，就為了一個問題：他們的健康狀況是否適合潛航？

「我自己則由另一位醫生同事檢查。事前做好體檢，我們才能換得安心。正在巡邏時，隨時都可能發生意外。」

105

撤離是最後辦法嗎？

「是的，當病人的情況超出我們能力所及，或病況危急時。我們身為醫生，會首先考慮病人的利益，但只有指揮官可以做出撤離決定。我無權決定。」

巡航任務重於一切？

「沒錯，這是最不得已的情況，我們必須做好準備。然而，雖然我是醫生，但在這裡我只是一名顧問。為了讓指揮官充分了解病情，我必須違反醫療保密原則，向指揮官提供診斷結果。

「這是一條我們有時不得不跨越的道德標準。基於這個原因，我們軍醫沒有在醫學協會註冊。我們擔保全體人員的健康，但只有指揮官清楚利弊得失，或者說只有指揮官明白任務無法妥協。

「這兩個因素有時不只是矛盾，甚至是對立的，一種非常激烈的對立。醫療撤離必定會損害潛艦的隱密性。」

這裡有一個核鍋爐房、16枚飛彈，每一枚都攜帶數顆核彈頭。要怎麼做才能避免人員受到電離輻射（ionizing radiation）？

「所有在潛艦上的核電站、核彈頭，甚至醫療放射設備等，在任何釋放電離輻射裝置附近工作的人，都必須配備一個劑量計。它是用來測量輻射劑量的小儀器。

「總之，在核潛艦上的全體工作人員都配備了一個。如今，潛艦船員接收到的輻射量，比住在花崗岩屋子裡的布列塔尼（Breton，法國幅射區）人還低。」

來自自然環境的電離輻射，包括宇宙輻射或地球輻射，以及吸入的氡氣（具高度放射性的惰性氣體，容易在室內累積），占法國本土人口所受輻射的三分之二。所以在潛艦中受到的輻射，比在自然環境更少。

根據劍橋大學出版社（Cambridge University Press）2010年發表的研究，潛艦上並沒有氡氣。

第五章
黑就是美

再一次和指揮官見面,是在軍官活動室,
這是一間與餐廳相鄰的小廳房,偶爾也作會議室用。

潛入核動力潛艦

室內的其中一側,幾張軟墊椅排列成四分之三的圓形,結合光線照射下的大片玻璃,試圖讓人忘記隔間的壓迫感。

在另一側,水族箱裡有兩條金魚正在酣睡,水面隨著潛艦下潛而傾斜。

按照傳統,領班會用印有法國海軍徽章的杯子送來香醇咖啡。

我湊近一看,頓時幻想破滅,原來只是粗糙的利摩日(Limoges,法國瓷器之都)瓷器仿製品。

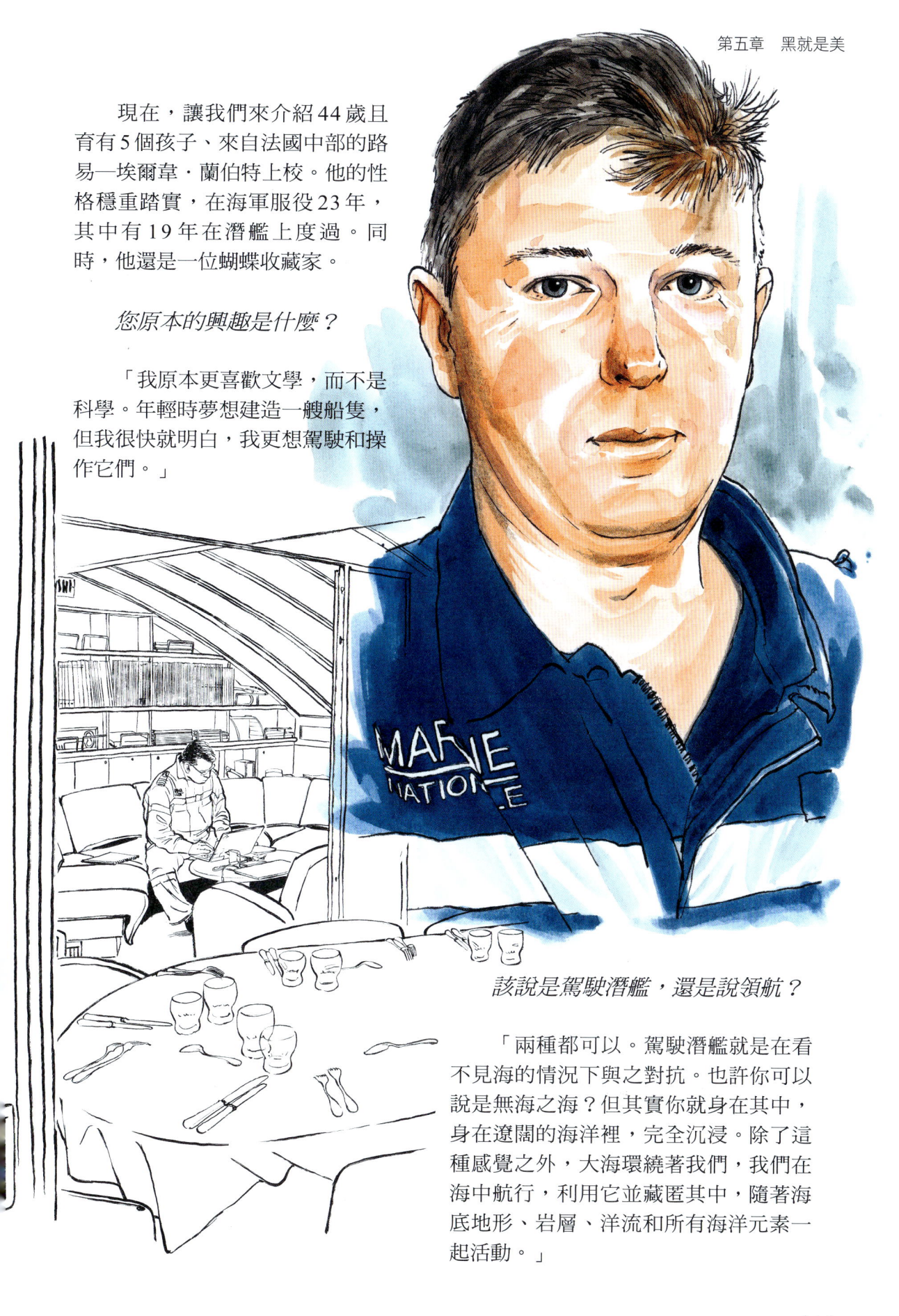

第五章　黑就是美

　　現在，讓我們來介紹44歲且育有5個孩子、來自法國中部的路易—埃爾韋·蘭伯特上校。他的性格穩重踏實，在海軍服役23年，其中有19年在潛艦上度過。同時，他還是一位蝴蝶收藏家。

您原本的興趣是什麼？

　　「我原本更喜歡文學，而不是科學。年輕時夢想建造一艘船隻，但我很快就明白，我更想駕駛和操作它們。」

該說是駕駛潛艦，還是說領航？

　　「兩種都可以。駕駛潛艦就是在看不見海的情況下與之對抗。也許你可以說是無海之海？但其實你就身在其中，身在遼闊的海洋裡，完全沉浸。除了這種感覺之外，大海環繞著我們，我們在海中航行，利用它並藏匿其中，隨著海底地形、岩層、洋流和所有海洋元素一起活動。」

111

和我們談談任務和警戒號。

「警戒號不是一艘灰色的艦艇，也不是尖頭的艦艇，我們把這些特徵留給水面上的船艦。警戒號是一艘黑色的艦艇！我們為這個顏色和它所代表的意義感到自豪。黑就是美！

「首先，警戒號是法國海軍的核動力彈道飛彈潛艦。它是凱旋級潛艦，配備16枚彈道飛彈，每枚飛彈攜帶數枚核彈頭。凱旋級核潛艦共有4艘，隸屬於戰略海洋部隊，它們不間斷的輪流巡邏，確保核子威懾的持久性。

「五十多年來，戰略海洋部隊一直在執行這項任務，我們始終信守承諾！一年365天，一天24小時！從不間斷。

「對指揮官和他的船員來說，這是一項極具挑戰的非凡任務，且不容許失敗。我們絕不會率先打破這個局面。所以，指揮一艘核潛艦確實伴隨一些特殊的壓力。」

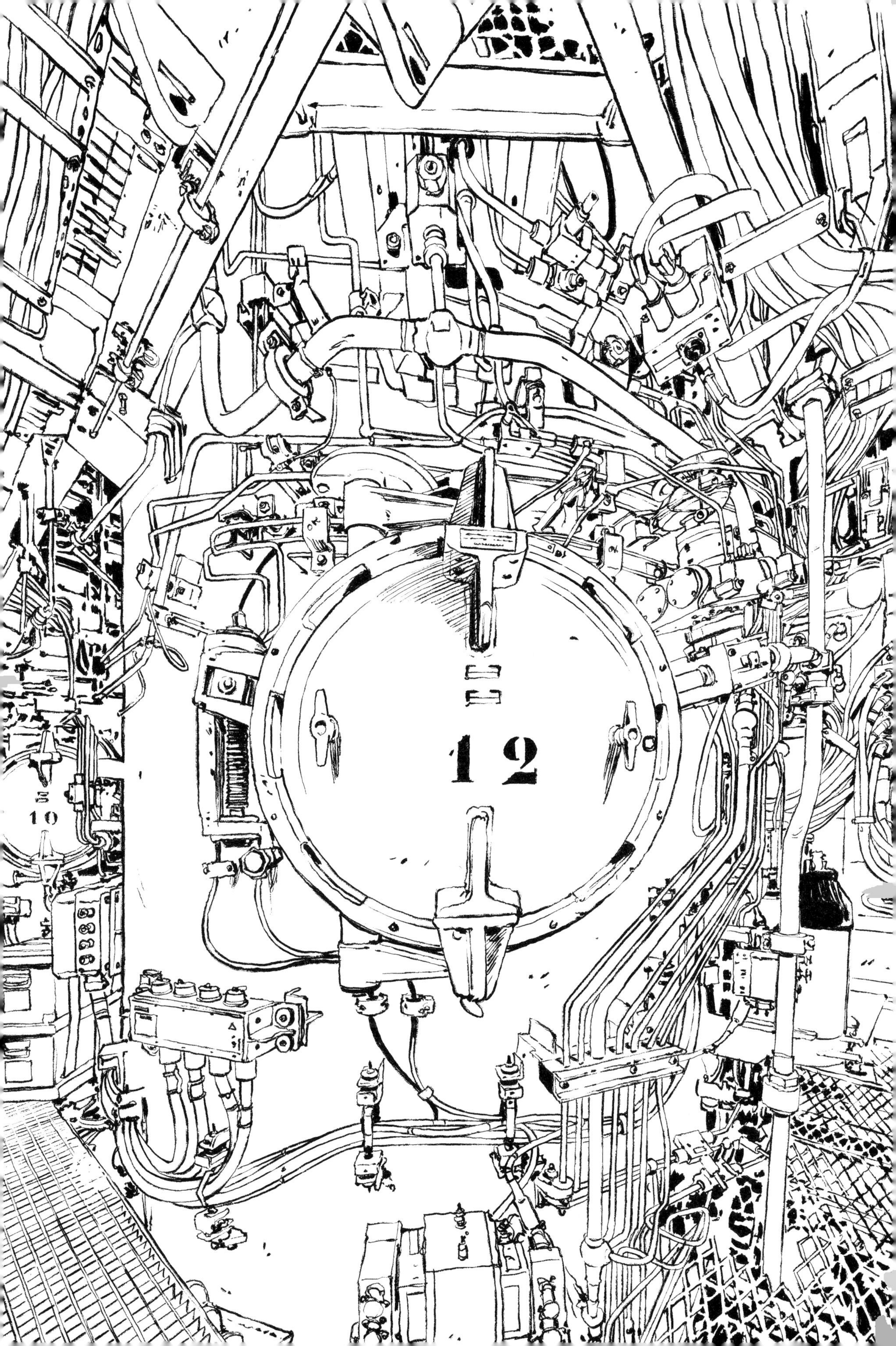
12
10

「核威懾是防止法國重要利益遭受任何攻擊的終極保證。

「法國的核心利益並不會明確定義，因為『不含糊，就會損害自己的利益』（指保留彈性空間才能將利益最大化）。我們的任務是隨時準備好執行總統所發布的戰略命令，嚇阻力量是國家的生命保障，也是重要的政治工具。

「因此，核潛艦是法國的軍事和政治資產。具體來說，就是把極為複雜的武器系統和全隊船員帶到遙遠的海中，長時間待命，並隨時做好準備。對一艘核潛艦而言，想執行這樣的任務特別講求一個簡單原則：隱藏。

「我們的目標是下潛到海底，隱藏起來，並避免遭到反偵測。同時，我們必須隨時保持機動性，不能藏匿在固定地點。倘若在同一個地方固定不動，被發現的可能性很高。

「巡邏期間，我們一直在移動，低速行駛數千海里。速度越快，隱蔽性就越差。

「核潛艦如同西洋棋的國王，但它必須做一個別人看不見也探測不到的國王。這位國王絕對不能被『將死』（checkmate，一方的國王受到另一方棋子威脅且無法化解），也不能被『逼和』（stalemate，當國王沒有被將軍卻無棋可走時）。」

核武的發動程序為何？

「我不能透露細節，只能告訴你，沒有總統的命令就不能開火。指揮官或副指揮官其中一人不在場時，同樣也不能開火。但如果真到那一刻，我不會在乎目標在哪裡、彈著點在哪裡。

「沒錯，這個責任嚴肅且巨大，最終可能導致幾百萬人喪生。我知道，如果有一天我必須接受這個命令，那表示其他補救措施都已無濟於事，這是最後的選擇。很可能是我國遭受大規模攻擊而不得不回應。所以，如果我接到命令會怎麼做？我會徹底執行。

「這肯定是一場非常特別的行動，但並非下達給我一個人的命令，而是全體船員共同執行。也許會遇到困難，而這正是我們加入海軍潛艦部隊的意義。

「當然，我們對死亡、自我犧牲，都有非常強烈的個人反思，這也是自從我加入海軍就一直思考的問題。沒有任何一本書告訴你如何建立這套道德標準，它只能靠自己建立。這很重要。」

我們可以從任何地方出擊嗎？

「我不會回答你是否能從任何地方出擊，但我們能夠擊中任何目標。從哪裡出擊不是很重要，重要的是讓敵人感覺威脅是永久且可信的，這才是嚇阻的真正目的。或許你會覺得矛盾，但這些可怕的武器正是維護和平的策略。」

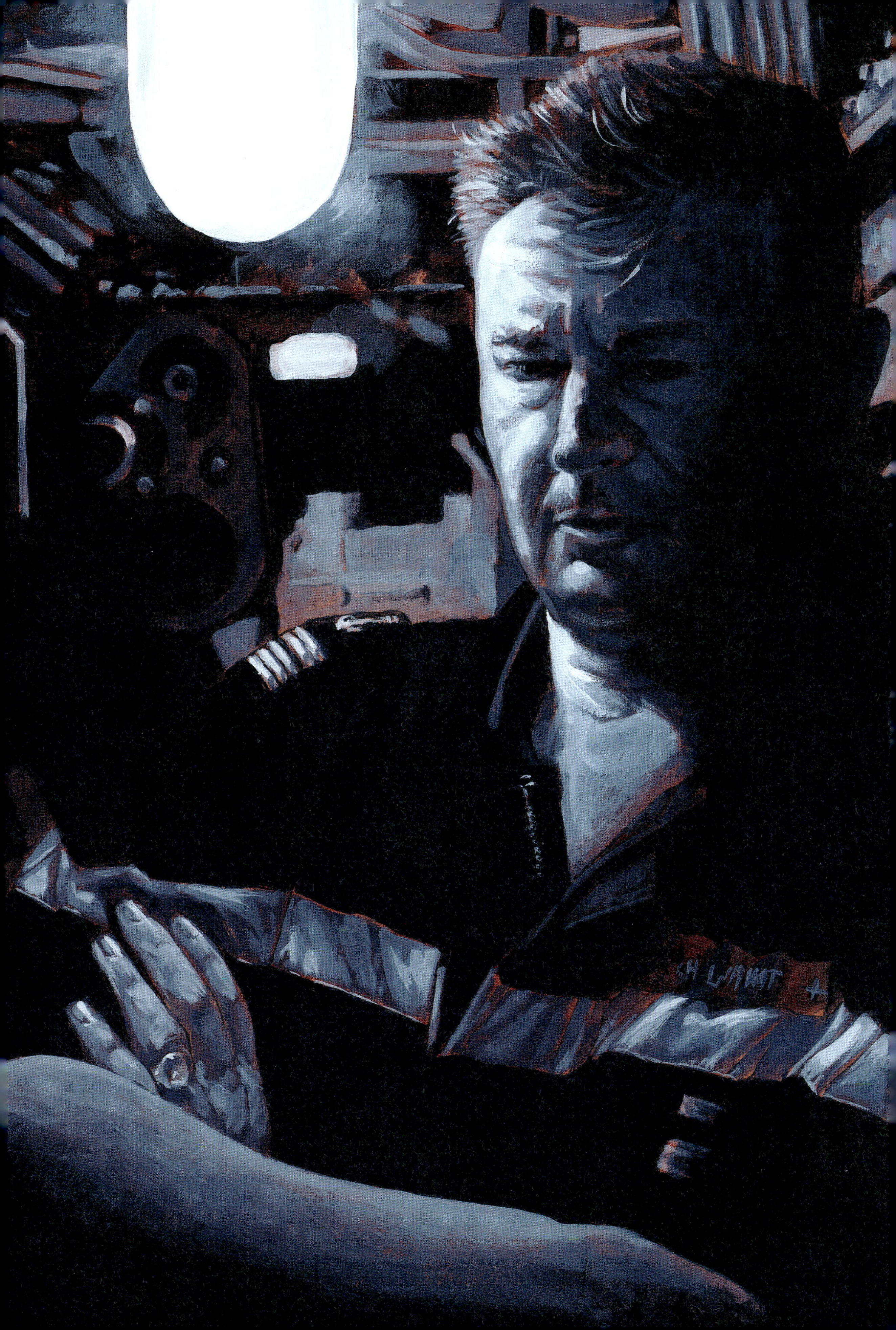

那麼指揮的意義是？

「對我而言，指揮是確保海軍的威懾力。首先，就是領導一支堅定且自主的團隊，能夠在沒有外界支援的情況下，在海裡持續執行任務。

「指揮一艘核潛艦也絕對是一種悖論：面對終極任務和人類有史以來創造的最強大武器系統，這既是一種責任，也是一種擁有非凡自由的體驗！在艦上，我們只有十幾個人知道潛艦的位置，且有能力追蹤行經的航線。

「每次巡邏前，我都會構思一套全面的演習流程，但大多數時候，這個計畫撐不過兩天。演習流程的第一個受害者，就是流程本身。這是因為，儘管我有一個大致框架，卻也擁有很大的自由度，可以根據某些參數、情報調整操作和航線。

「首先是情報，例如：敵方的移動目標在哪裡。什麼是移動目標？就是潛艦和水面上的艦艇。對核潛艦來說，任何運動中的物體都是敵人。可以說，我們在大海中沒有任何朋友。

「因此，我必須根據戰術情勢、環境和水溫調整行動，也就是聲音在水中傳播的條件。聲音在海洋中的傳播並不均勻，有些地方會受到阻礙，也有些地方的聲波反而會集中。

「海面上的天氣也會影響航線。低氣壓會產生強烈的海況，使其他潛艦或巡防艦難以偵測到我們。因此，這種天氣對我們有利，並影響我的調度。」

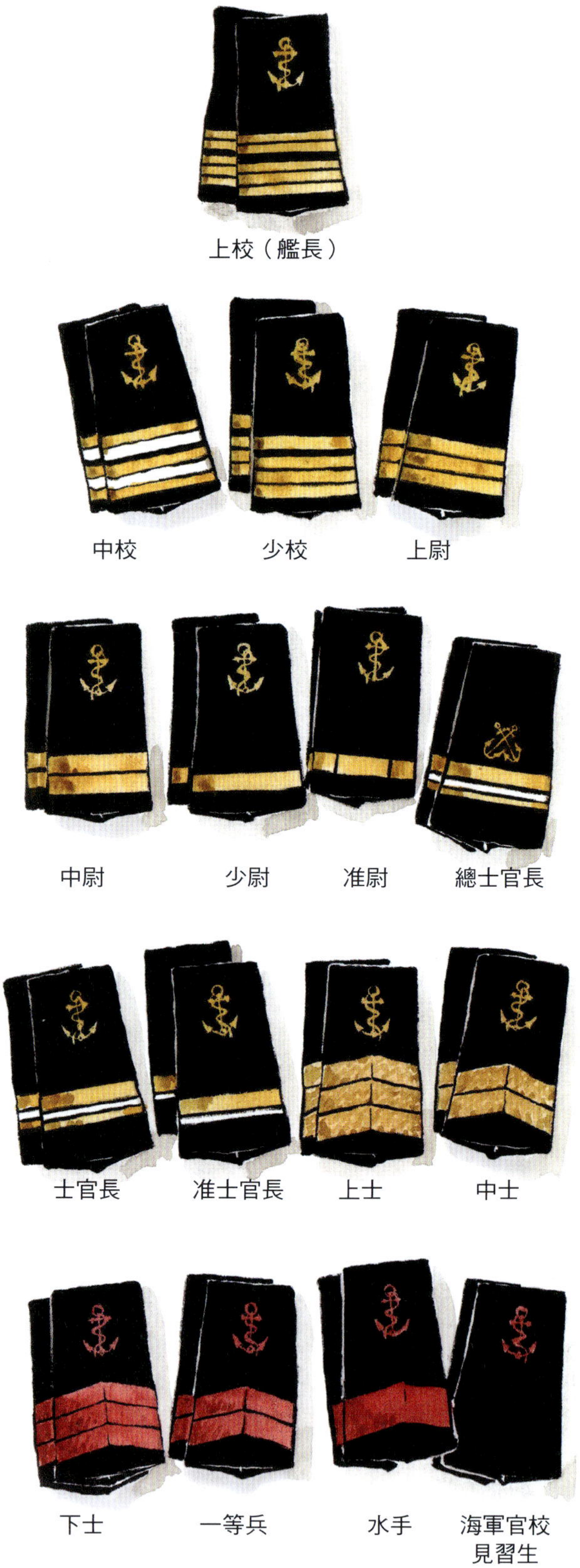

上校（艦長）

中校　　少校　　上尉

中尉　　少尉　　准尉　　總士官長

士官長　准士官長　上士　　中士

下士　　一等兵　　水手　　海軍官校見習生

「我們須利用這種有利的環境，因應環境的變化即時調整，並不斷移動。」

＊關於這個測量儀器，指揮官說：「這是氣壓計，它會測量艦艇內的大氣壓力，並將結果記錄在紙上。船員活動和器械運作，都會影響潛艦內的大氣壓力。就像氧分壓（partial pressure of Oxygen，氧氣在大氣中的壓力）、二氧化碳濃度和汙染物，大氣壓力也是船艦上眾多的監測項目之一。近年來，傳統的木製氣壓計逐漸被這種『活像 1960 年代烤麵包機』的裝置取代。時代變了！」

第六章
飛彈艙

核威懾是一條準則，
核潛艦和全體船員則是其武裝執行部隊，
從指揮官到普通水手，無一例外。

41歲的厄爾文（Erwan）已服役20年，他是警戒號戰略武器部9名導彈兵之一。

厄爾文說：「我的下潛時數已達18,000小時，算是老鳥了。我不曾在水面艦艇上服役，屬於瀕危物種。我從入伍就在潛艦上，而且會一直待到軍旅生涯結束。」

我們跟著他探索潛艦中央的飛彈艙。工業風格的裝潢沐浴在白光中，由金屬格柵地板、一排高大的編號筒倉，以及錯綜複雜的管道和纜線組成。

這裡的一切纖塵不染，如同手術室的無菌環境。

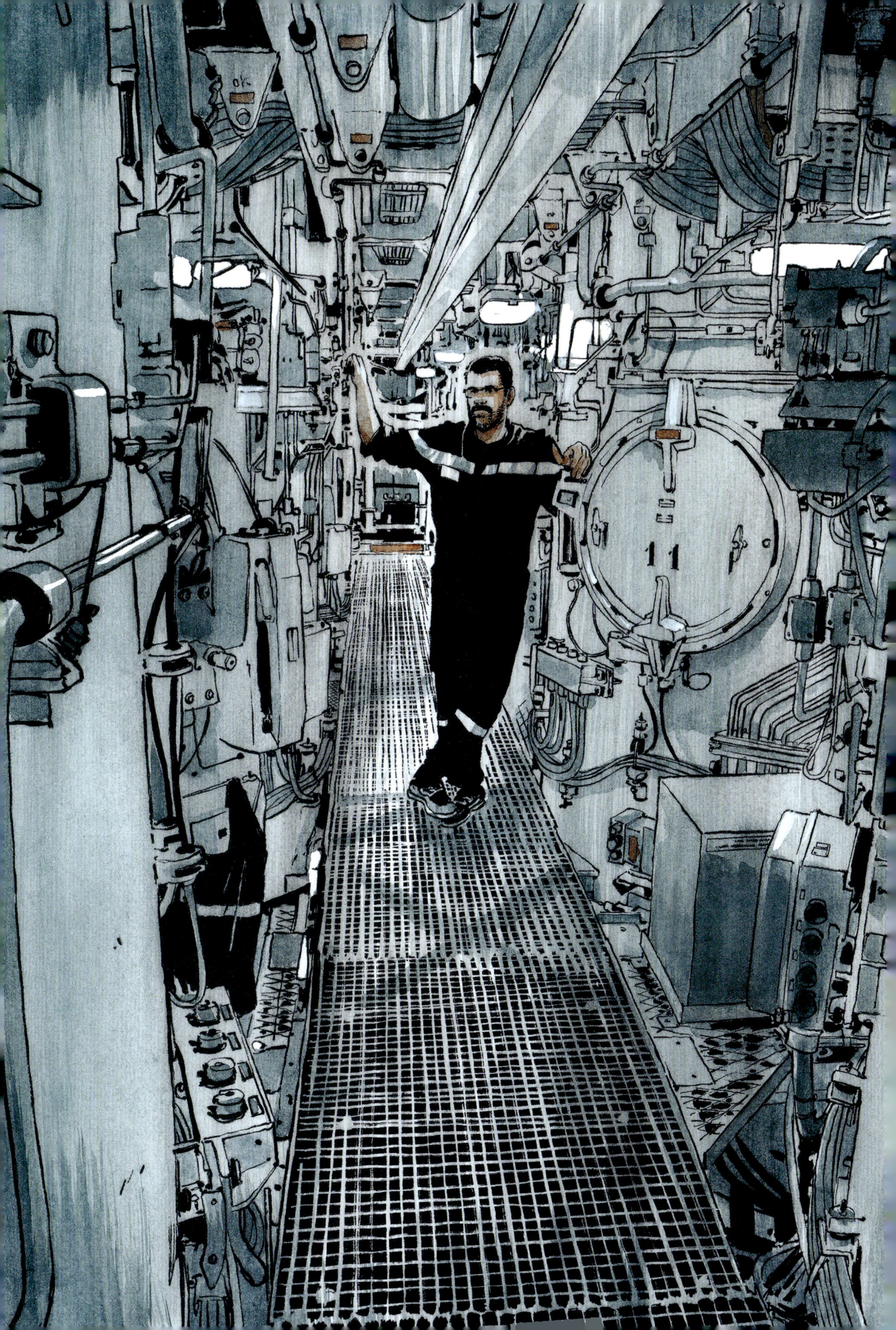
11

潛入核動力潛艦

飛彈艙分成兩個完全相同的艙室。每個艙室有8枚核彈，分別放置在8個垂直筒倉內。

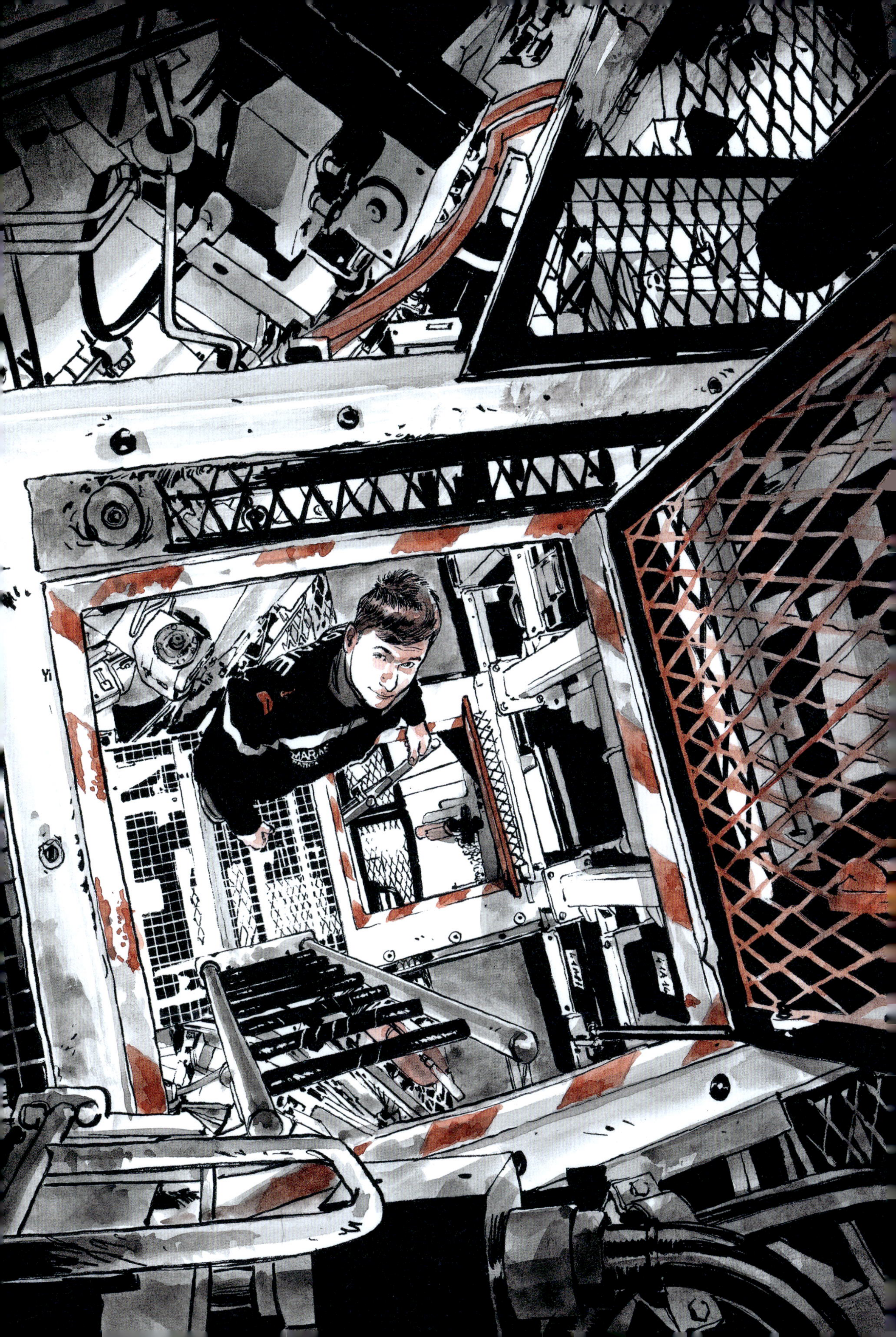

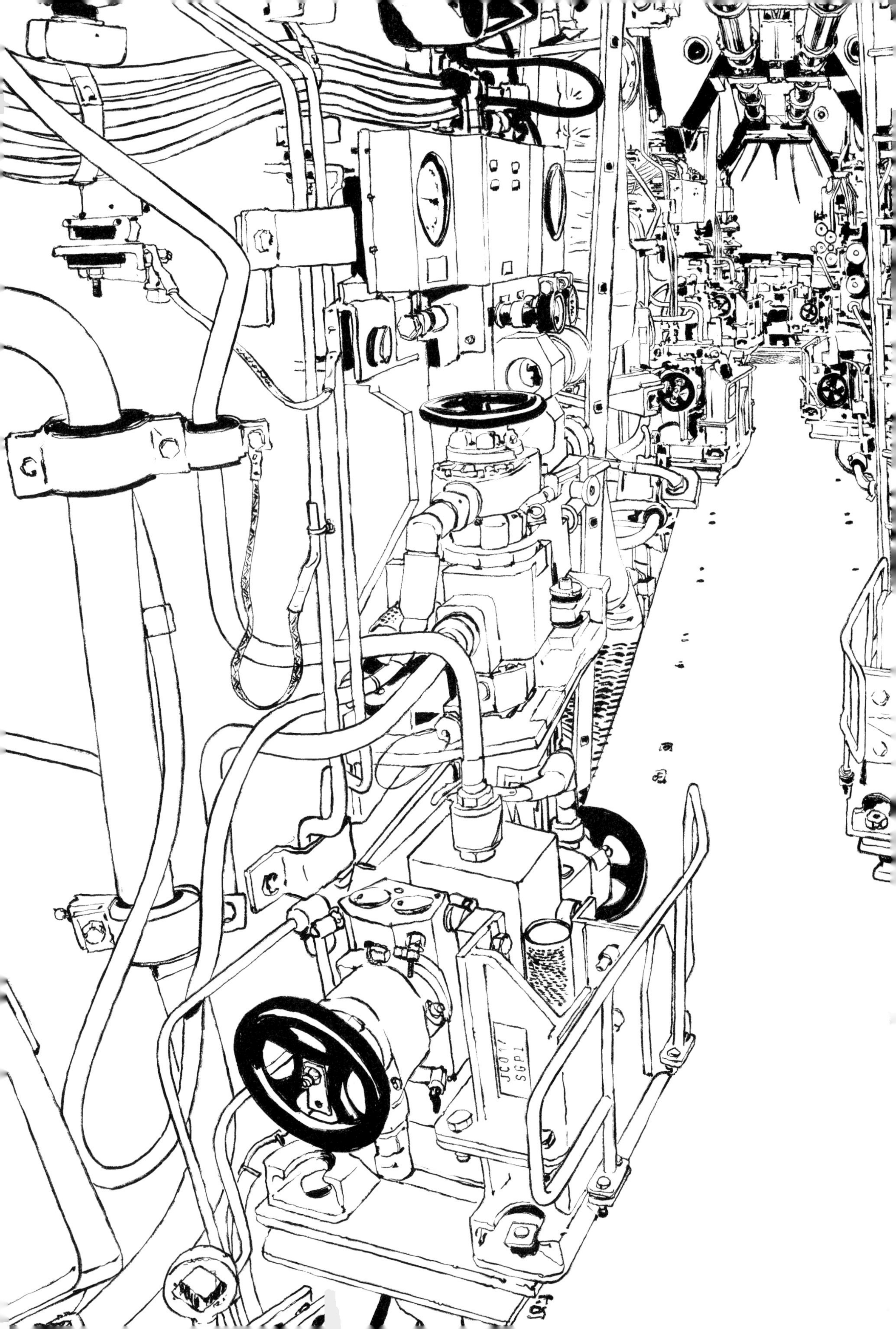
JC017
SGP1

第六章　飛彈艙

厄爾文說：「這個區域也可以讓你們了解潛艦是如何設計的。」

什麼意思？

「我們並非試圖將16枚飛彈裝入核潛艦，而是根據飛彈的大小決定潛艦的尺寸。彈道飛彈的設計目標是進行數千公里外的遠程打擊，這決定了造艦的樣式。

「潛艦上有16枚M51飛彈，這些飛彈為三節式結構（具有三個推進階段）：核彈頭在頂部，推進裝置在底部。每枚飛彈可攜帶數枚核彈頭，基本射程超過6,000公里。

「特別的地方是，這些飛彈並非利用液壓缸或發射管內點火，而是依靠燃氣動力。透過壓力裝置加壓，即可驅動飛彈彈射至海面，就像古老的吹箭。接著，飛彈一旦接觸到空氣，就會點燃推進系統。」

潛入核動力潛艦

這是關於工具的介紹，那麼威懾力如何？

「警戒號的存在是為了起到嚇阻作用。但我來這裡是為了侍奉武器，而不是嚇阻，那是核潛艦的工作。我和組員們的任務，是向指揮官保證這 16 枚飛彈隨時準備就緒。

「當總統把卡車（指裝載飛彈的核潛艦）鑰匙交給我們時，他只確保我們隨時都有能力動用核武。

「至於核武的用途是什麼，我不曾思考這個問題，或者應該說，已經不再去想。最初加入潛艦部隊時有想過，但自從我登上核潛艦的那一刻起，就已經做好心理和道德的選擇。

「如果有一天我們不得不使用這種武器，代表我們在此之前已經用盡一切辦法。我很清楚核武所造成的損害是無法想像的，使用這種武器將是最終、最極端和不可逆的行動，後果將很慘重。

「到了那個時候，布雷斯特將會消失。法國必定會受到嚴重影響。嚴重到⋯⋯。」

「我相信我們會無家可歸。」

第七章
第40天

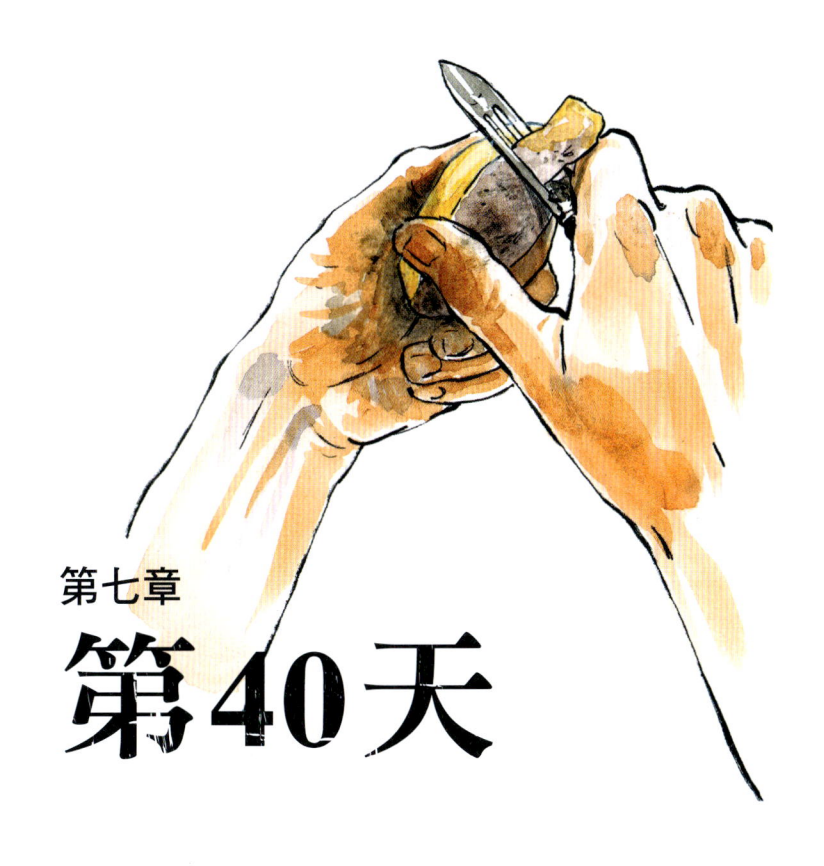

這次演習只有 12 天，
但平時執行任務的巡航時間，平均長達 70 天。

被關在密閉的鋼管裡將近3個月，和外界隔絕。遠離家人、生活空間狹窄，有70天都待在海裡，看不到陸地。身穿條紋毛衣，留著鬍渣的阿克塞勒·鮑爾（Axel Bauer）哀嘆。

巡邏期間，潛艦一直處於移動狀態。為了確保航行不中斷，船員必須24小時輪流值班，且排班經常變化，日子過得很緊繃。

值班意味著你要在同事休息時待在工作崗位上，時間從2～4小時不等。在值班的空檔，每個水手都會隨自己喜好——或者說差不多是隨自己喜好——安排時間。

一名船員說：「我們花很多時間複習和學習新的技術知識。每次登艦，我們都必須通過資格考核，才能晉升和更換職位。潛艦部隊的要求標準非常高，各種挑戰不斷考驗著我們。因此，我們會花時間努力認真學習。餐廳變成自修室是常態，有時睡不著覺就乾脆到餐廳讀書。

「老實說，在潛艦上會感到無聊的人都應該換工作！休息時，我們會各自待在自己的臥鋪，我們也叫它鳥巢（caille）或小窩（niche）。臥鋪是我們的孤獨堡壘。」

第七章　第 40 天

　　然而，巡邏期間的睡眠管理並不簡單。日夜輪班容易打斷正常睡眠，再加上看不到自然光線，難免擾亂生理時鐘。

　　另一位船員說：「在海底航行幾週就會開始感到疲倦。為了消除倦怠感，我們會到『健身房』運動。健身房只是我們對它的稱呼，實際上就是兩個飛彈艙之間的一個小空間而已。」

　　健身設備有啞鈴、單槓、沙袋和健身腳踏車。除此之外，警戒號上也有閱讀、遊戲和小組活動，以促進彼此感情和凝聚力，例如船員們會在軍官活動室玩 Uno（美國紙牌遊戲）。

　　遊戲規則由指揮官制定，據不願透露姓名的匿名人士表示：情勢不利時，指揮官可以隨意調整遊戲規則。
　　指揮官是艦上唯一的老大。

131

所以，巡邏是一場耐力賽。

在這裡，大家24小時待命，晚上也回不了家。沒有週末，每天無止境的重複相同動作，每天都是週一。3個月形同一整天，非常單調。而且越是計算日子，時間就過得越慢，彷彿度日如年。

當分鐘變得像小時那麼長，勢必會產生緊張的情緒；總有那麼一刻，倦怠感會壓過使命感，狹窄和封閉空間侵蝕並傷害最堅強的意志。而這個緊繃情緒通常會在巡邏的中間點，也就是在第40天達到頂點。

醫生說：「第40天代表任務進行到一半，這是一個危機時刻，你會告訴自己只到了半路。這個時間點對某些人來說尤其艱難。船員間的緊張情緒和摩擦會達到最高峰，這些是靠經驗累積的觀察心得。第40天意味著士氣低落和身體鬆懈的時期。

「船員們將感到一定程度的疲憊，在拚命工作的同時，也意識到：接下來仍然有很多事要忙，因為巡邏任務還要再40天才結束！而我們的工作就是給予船員支持。

「在這個階段，有些人會想很多，計算還要待在海底幾天。心理上，他們已經不再和我們在一起了。他們思緒亂飛，覺得時間漫長無比。這種情況雖然少見，但仍會發生。」

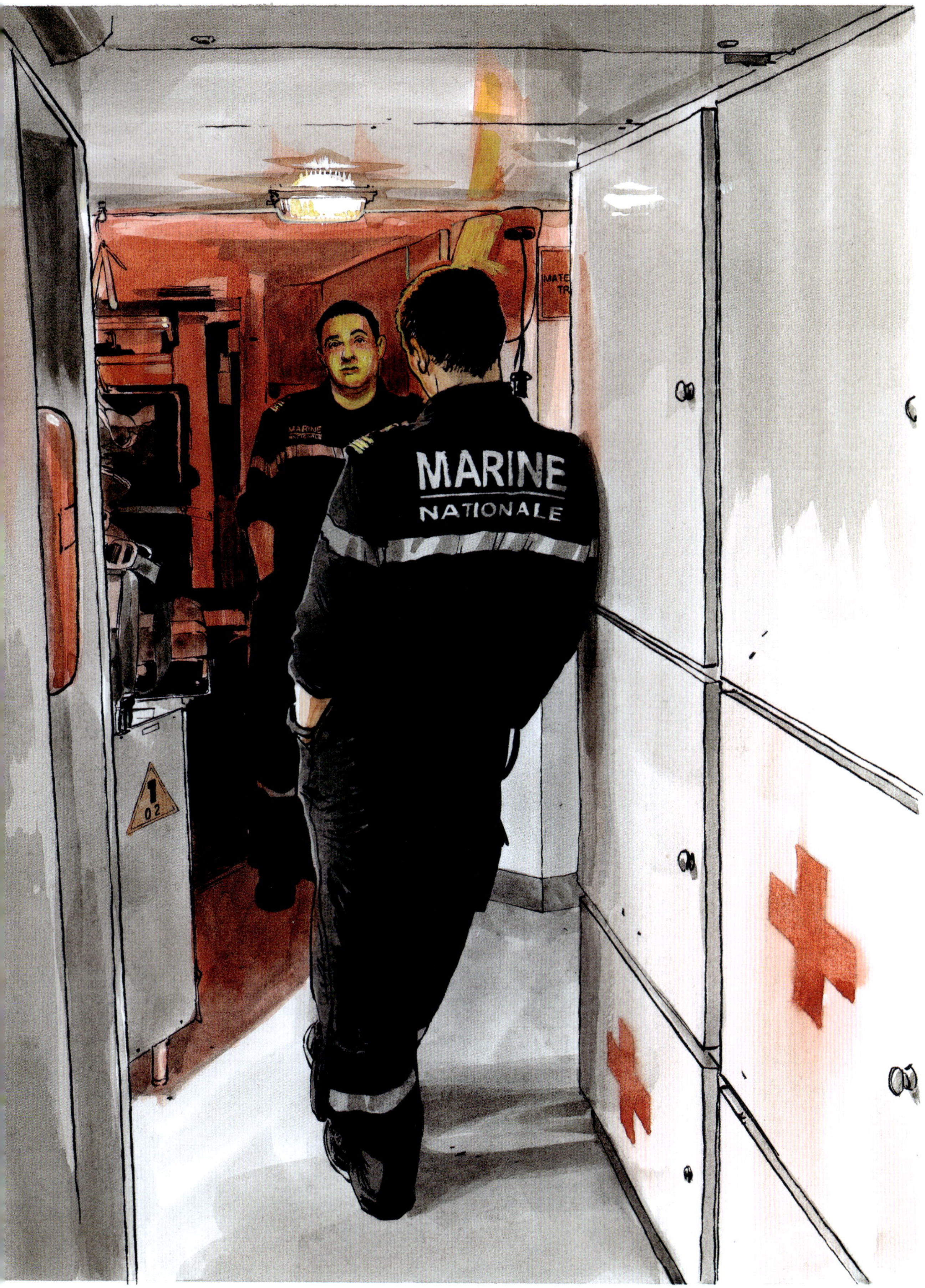
MARINE
NATIONALE

副指揮官說：「因為巡邏時間長，難免讓人感到單調。有些人可能會陷入一種日常循環，並孤立自己。因此，在艦上的社交生活是必要的。對指揮官來說，在團隊中有優秀的中間人非常重要，例如大副、士官長、醫護兵等。」

第七章 第 40 天

巡邏時,指揮官必須了解船員的心理狀態。如果今天已經和昨天一樣,就要盡一切力量讓明天和今天不一樣,期望它不是無止境的循環同一天。

執行任務時,也最好不要看回程日期。日子遠得很。有些人仍然會數日子,但在海底待上兩週後,早已沒有時間觀念。過了一陣子,根本不會知道現在是第 30 天還是第 40 天。因此,船員們只會在最後,也就是準備返航時,才重新開始計算日子。

為了打破單調的日常生活,艦上會舉辦各種慶祝活動。例如,慶祝新手第一次下潛到最大深度 P、突破 40 天大關的「大翻身」(cabane,源自動詞 cabaner,把船底翻身朝天)、資深船員下潛時數達 20,000 小時等,所有活動都有助於增加船員間的凝聚力。

135

此外，想對抗精神不濟、倦怠或疲勞，還有一個非常重要、不容錯過的地方：餐廳。

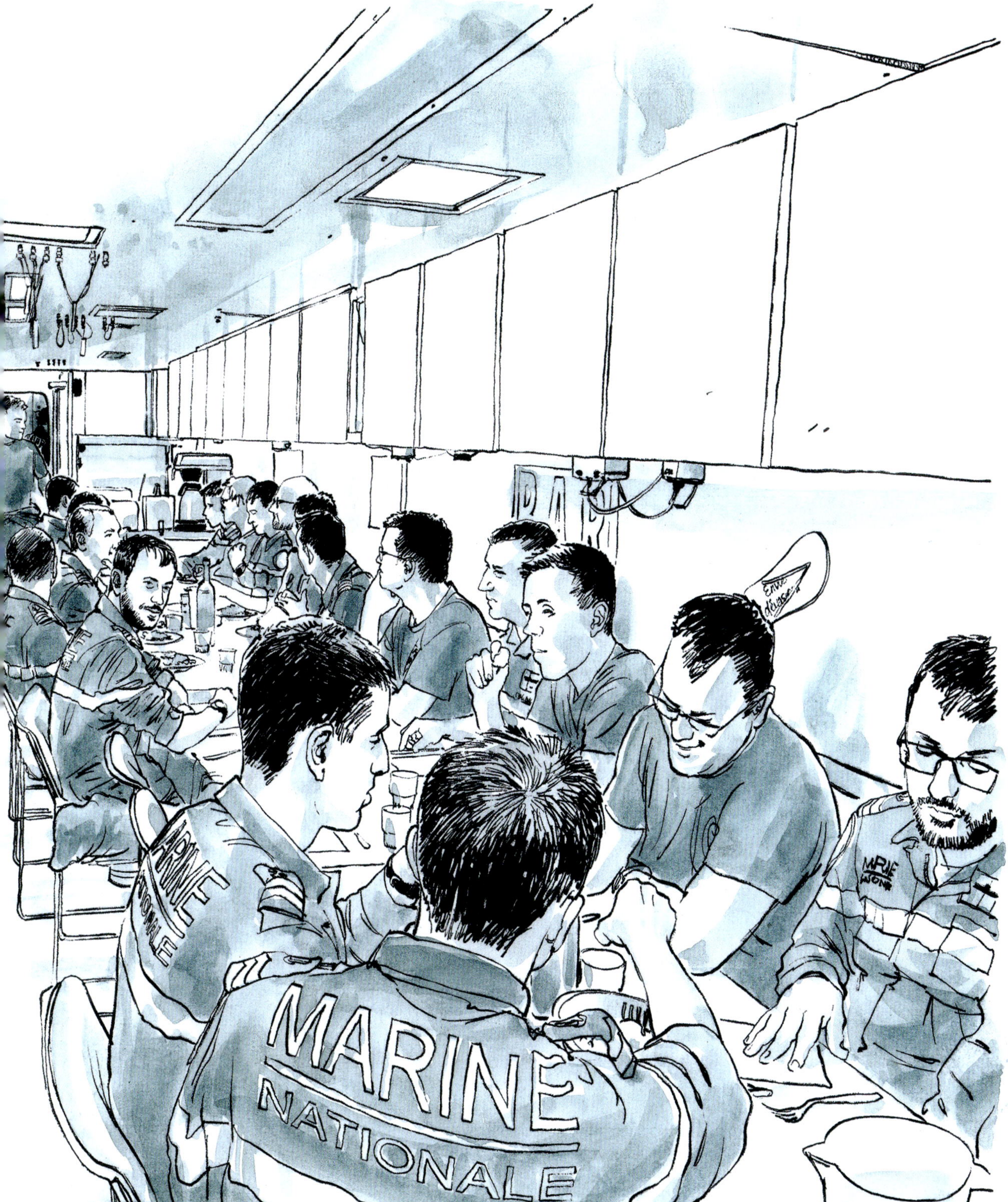
MARINE
NATIONALE

主廚喬丹（Jordan）說：「我們在這裡的工作，不只是烹飪食物，更要使隊員們保持心情愉快。

「巡邏前，我們不只是帶著生活物資出發，也帶著維持士氣的精神儲備。這是一筆資本，我們必須懂得如何管理。在海底潛航，很快就會失去時間概念。因此，我們創造了一些儀式感，讓大家產生期待。

「比方說，週二是主題餐、週四中午會加菜、週五晚上是麵食、隔週六晚上是外帶餐點（但外帶到哪裡？）、週日有週日特餐，到了晚上則是冷食餐點。

「還有麵包師傅的維也納甜酥麵包、新鮮的法國長棍麵包和甜點。這些能讓人想起家庭的溫暖和大地的氣息。推陳出新的餐點為這幾週的生活增添活力，轉移船員的注意力並創造共享的時刻。

「有時候，士氣的高低就藏在細節裡。舉例來說：巡邏期間，前兩週使用新鮮食材，接著改吃冷凍食品。這代表巡邏週期的開始，但我們會多留保存時間較長的蔬菜——這意味著我們在第50天能供應新鮮胡蘿蔔絲。在巡邏7週後還能吃到新鮮的胡蘿蔔，有提振士氣的功效。」

第七章　第 40 天

那麼，今天準備用什麼食材來維持士氣？

主廚說：「今天是焦糖豬肉，用小火慢燉了一整晚！」

一定很軟嫩吧？

「是啊！入口即化，就像踩了地雷被炸得稀巴爛。哈哈哈！」

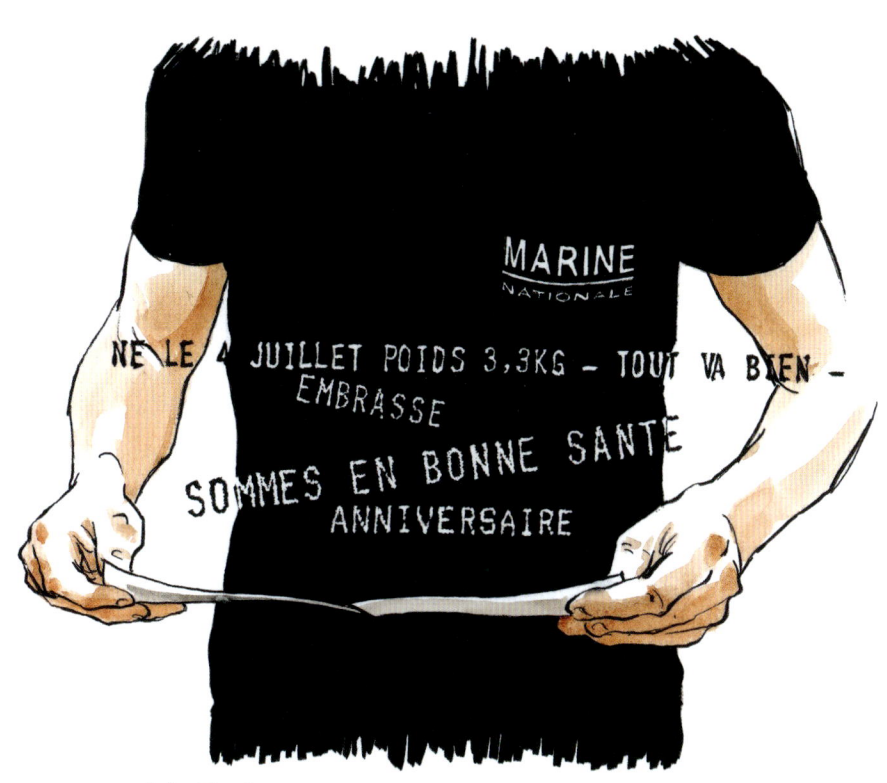

第八章
家書

幫助船員維持「士氣指數」的另一個重要元素，
就是家書，
也就是家人傳給船員的訊息。

給潛艦船員的家書，是每週發送一次的短訊。最多只能有40個字，必須先經過參謀部檢查，因此裡面只會有好消息。如果家中有寶寶出生，可以寬待至60字。

船員能收到這些訊息，但不能回覆。下潛時，核潛艦只會接收訊號，絕不會主動發送，這是為了保持隱密。

鍋爐房長說：「我們會在特定日期收到家書。由於大家都是在同一天收到，我們會說是郵差來了。它永遠是大家期待的時刻。

「有些人一拿到就會馬上看，但對我來說，這是相當神聖的事。我會把印有訊息的紙折好，放在一邊，直到晚上爬上臥鋪、進入我的小窩——這是唯一讓我感覺像家的地方。這時，大約是晚上11點左右，我拉上遮簾，將自己與外面隔離，才開始讀信。我總是遵循相同的儀式，一定要在私密的時刻讀家書。」

一位船員說：「家書每週有40個字。不是39，也不是50！所以，我們會想辦法鑽漏洞，縮寫是一個很好的方法。例如：TVB代表「一切都很好」（Tout Va Bien），像這樣，一句話就能變成一個單字；「我想你」（Tu Me Manques）則縮寫成TMM。

「由於只能寫好消息，假如訊息有點平淡，我們難免擔心家裡有事。不過，鑽研字裡行間的含意是有風險的。它可能打擊士氣、讓你胡思亂想，還要面對自己什麼忙也幫不上的無力感。」

第八章　家書

會不會事先和家人商量，在家書中加入密碼？

鍋爐房長說：「加入密碼是最壞的主意。如果船員在巡邏時收到壞消息，除了為自己的無能為力感到苦惱，他什麼也做不了。

「我總是這麼告訴那些小夥子：『不管發生什麼事，我們都不會浮出水面，顧好你自己就好。』這是我們的座右銘。而且，即便沒有事先商量，簡單的詞句過了一段時間後，也可能被過度解釋。這足以讓船員陷入極度不安的情緒中，徒增困擾。」

沒有辦法打破只有好消息的規定？

「沒有。」

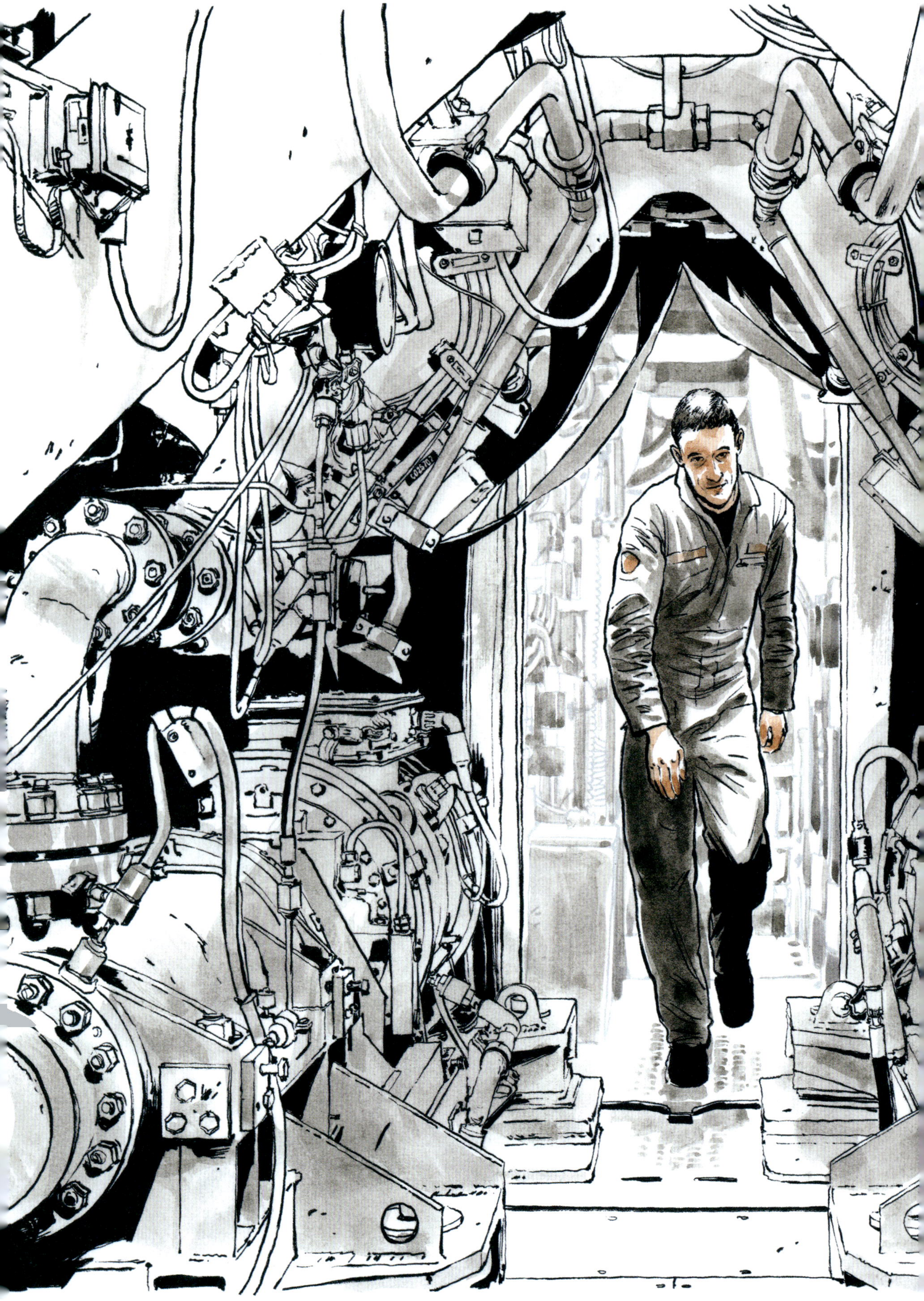

第八章 家書

船員們分享了一個例子：「2020年新冠疫情爆發時，我們對此毫不知情，出發前也沒聽過冠狀病毒，頂多就是流感。過了70天，當我們回來時，才發現法國已經實施隔離，有上百人死亡。

「其實，在海底時我們就一直在想發生了什麼事，因為我們收到的家書，雖然常談到在家烤肉、玩遊戲，或是媽媽和孩子們烤蛋糕，但大家都不談學校的事了……我們感覺到有事情發生。

「然而，參謀部不想冒險讓我們擔心，因此只有指揮官和副指揮官知情。我們離開了如此熟悉的世界，返航後卻是一片荒涼。」

船員奧利維（Olivier）回憶：「幾年前，我第一次出海巡邏時，指揮官在返回長島的前一天召見我。那時，我們已經潛航七十多天，這讓我很擔心，那是我第一次出任務，假如指揮官要見我，想必是因為我犯了什麼錯。我知道會被訓斥一頓，但是我對原因絲毫沒有頭緒。

「在軍官活動室裡，指揮官向我宣布父親的死訊。死因是心臟病，而他已經過世一個多月，就在我剛出任務的兩週後。

「那一刻，我的世界崩潰了。父親57歲，但身體硬朗。我的父母離婚，我和他住在一起，感情很好。這樣的悲劇沒有任何徵兆，完全沒有。即使在家書裡也沒有透露任何消息，而且這段時間我一直都有收到家書。

「在海上的最後一天漫長得彷彿永無止境，但也讓我明白了什麼叫團隊的凝聚力。大家都給予我支持、陪我度過難關。他們告訴我：『奧利維，我們都在你身邊，一切都會沒事的，有任何需要就講一聲。』這聽起來可能有點老套，但全隊船員表現得就像這裡是我的第二個家。從和我最親近的，到沒有特別交情的，每個人都在身邊支持我。

「上岸後，海軍已經打理好一切。在任務期間，負責照顧船員家屬的家庭聯絡處協助我的親人處理後事，並把他們帶到碼頭迎接我，好讓我回家時有人陪伴。

「回家意味著哀悼的開始。對我來說，父親死亡和我得知死訊之間，存在巨大的時間差。我的父親去世一個多月，早已下葬，我的親人們也已接受沒有他的生活，而我這時才開始哀悼。

「我沒有看到遺體，也沒有參加葬禮，錯過了所有道別的過程。我回到家時，我的東西早已被打包到祖母家，我的狗在收容所，公寓被退租，車子也被賣掉。我什麼都沒有了，再也沒有家。是不是很慘？這樣的劇變實在難以想像⋯⋯而那年我才23歲。

「現在我30歲了，我永遠不會忘記那次任務。矛盾的是，這場悲劇卻帶給我更多平靜。我對海軍毫無怨恨，相反的，我明白他們之所以在任務期間絕口不提，是為了保護我。在出發前，我也清楚這是遊戲規則的一部分：巡邏時不能有壞消息。

「如果他們在事發當下就告訴我，那時還要好一大段日子才返航，這會影響我接下來的情緒，並連帶影響其他船員的士氣。

「在封閉環境中，如果有一個人情緒低落，會影響很多人。」

第九章
恢復視野

恢復視野，也就是回到潛望鏡深度，
這是極具風險的調度，
只有指揮官或副指揮官才能下達此命令。

恢復視野有哪些風險？

大副：「嚴重影響隱蔽性，並增加碰撞的風險。海上不只有我們。」

與其他船隻相撞的機率很低吧？

大副：「是，但我們都知道莫非定律（Murphy's Law，指凡是可能出錯的事均會出錯）。」

恢復視野是為了確認戰術情勢，還有進行通訊，也就是蒐集資訊。大副現在站在潛望鏡前，仔細聆聽四面八方的大量資訊。

海3。
風2。
能見度15,000公尺。
日落在297。

戰術情勢：我們在ZONE X（警戒號訓練期間的指定演練區域），無任何異狀。
情報資料：據報有一艘俄羅斯船隻朝北前進。

「在噪音干擾系統方面，艦上配備了6組干擾裝置！」

停！
機器停止！
上升速度每秒0.12公尺！

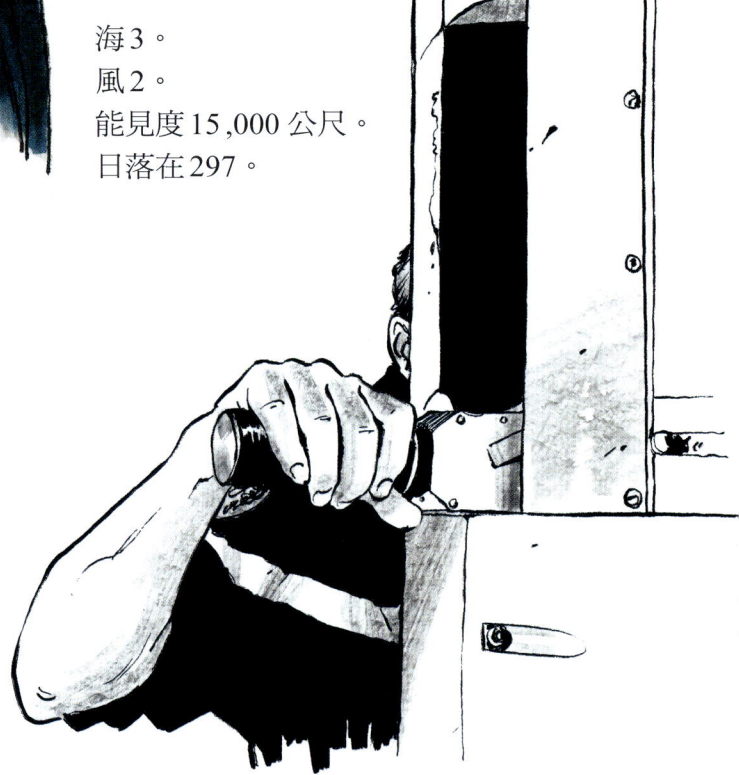

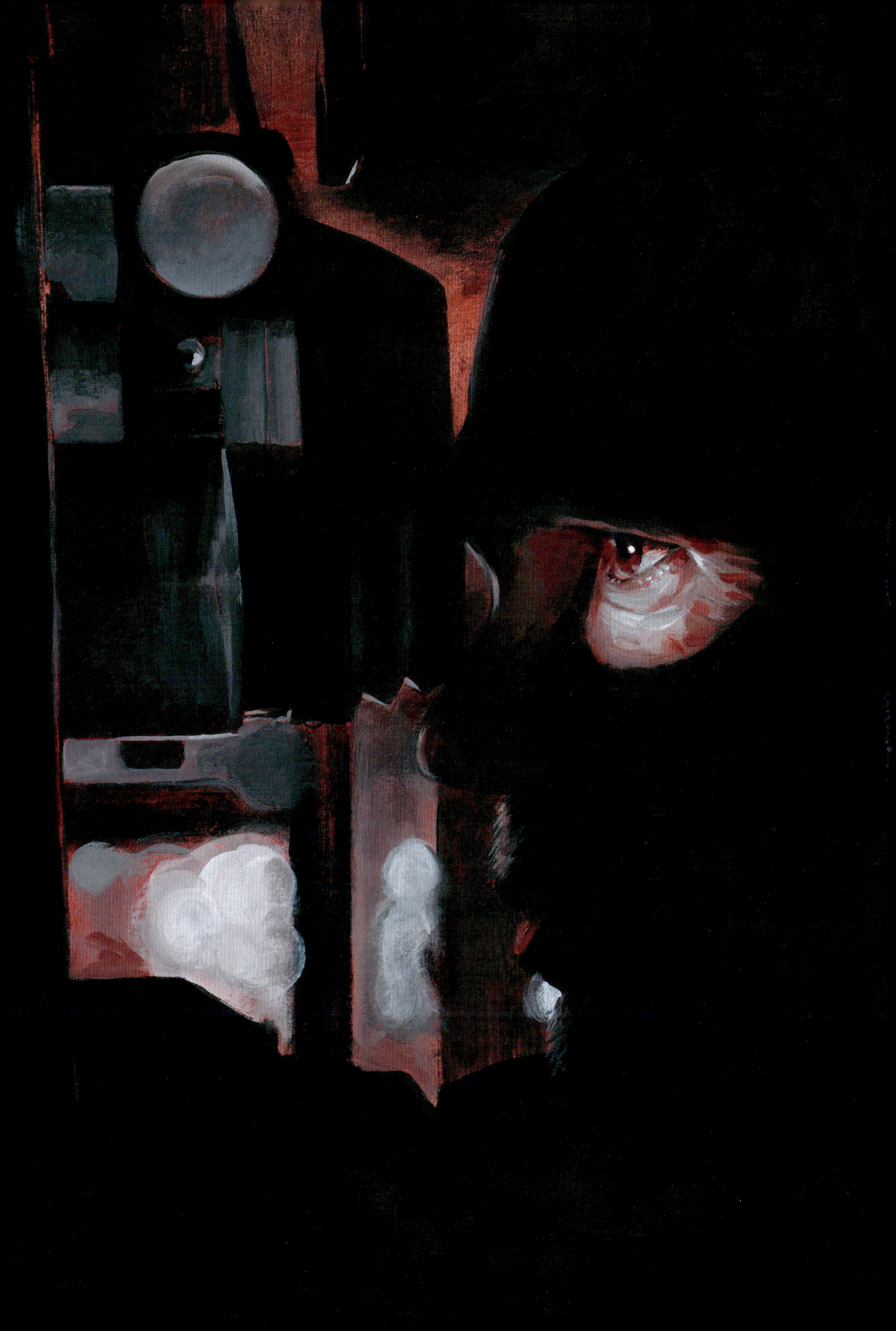

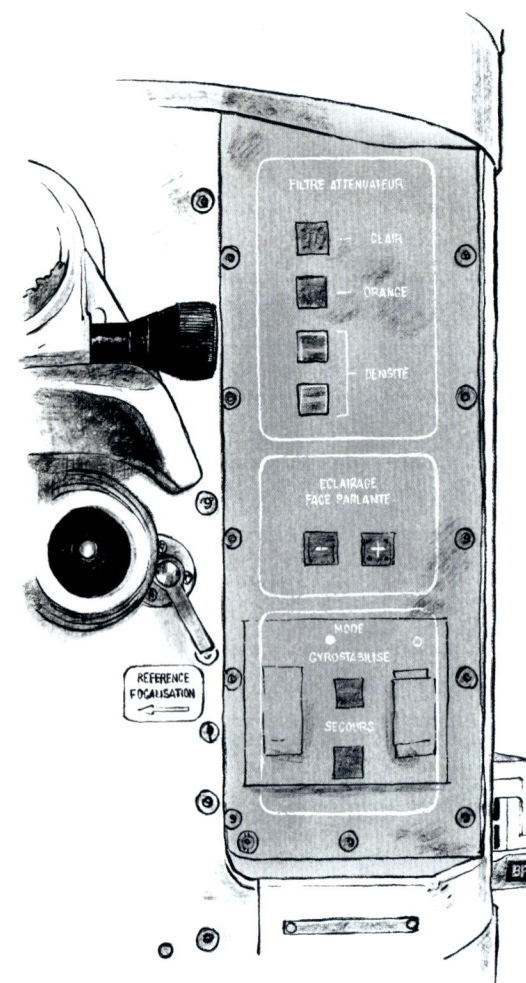

潛望鏡如何操作？

　　副指揮官說：「左邊的手柄像是油門，它可以讓我調整高度；拇指旁則有3個按鈕可以放大，分別是1.5倍、6倍和12倍。

　　「另一邊的手柄上有個按鈕寫著『BP』，意思是『準確瞄準』（bien pointé）。按下之後，它就會把我看到的景象傳送到所有操作員的控制臺。然後我會告訴他們目標船的距離及傾斜度，也就是我看到船的角度。」

要怎麼估算目標船的距離？

　　「取景器上有刻度標線。透過計算刻度的數量，我可以估計目標距離。這種估算方式其實有其原理，並非隨便。

　　「最後，使用潛望鏡還可以享受一項特別福利：彩色的風景！一般船員只能看到黑白影像。」

　　副指揮官看著潛望鏡說：「尤其是觀賞日落，真是一大享受！加油……再過幾分鐘就可以看到日落的綠光，哈哈哈！」

第九章　恢復視野

　　根據法國小說家儒勒‧凡爾納（Jules Verne）的說法，見證這種光學現象，可以賦予我們看透人類內心的能力。如果能看透船員們的內心，我們就很滿足了。

第十章

潛艦船員的話

謝謝長官！

馬修（Matthieu），准士官長。在海軍服役17年……對不起，是在潛艦！

「我是大副，身兼兩種職位。我有點像船上的糾察隊長，負責管理紀律，同時擔任人力資源管理，就某種意義上來說，我是船員和指揮部之間的溝通橋梁。」

第十章　潛艦船員的話

人力資源管理是指？

「在出發前，我會詢問船員的家中情況。例如，家中有人病危、寶寶即將出生……只要可能在巡航期間出事，我會一一列在清單上。如果我覺得某些事件可能太嚴重，或可能影響某位同仁的士氣，我會建議指揮官不要讓他登艦。」

紀律方面呢？

「擔任核潛艦的大副，就像在玩數字推盤遊戲（n-puzzle，一種滑塊遊戲）。我是制裁者，也是傾聽船員心事的人，所以必須懂得劃清一條不得逾越的界線，又不能太嚴厲。」

您既要負責紀律，又如何同時贏得並維持船員對您的信任？

「這正是挑戰所在。最重要的是，不能失去他們的信任！負責紀律可能損害你和其他人的關係，這取決於你如何拿捏。為了維護船員對我的信任，有些事情我不會向指揮官報告，指揮官也清楚這一點。我會先過濾，讓某些事停在我這個層級。我們之間的默契就像家人，因為這裡就是我們的第二個家，我甚至可以叫出每位船員的名字。」

他們的制服上都有名字！

「哈哈哈……但你想想，我們要在海上待七十多天，遠離自己的親人，這裡就只有我們這些弟兄。我們現在只有彼此，接下來的日子也是如此。巡邏時，我們有時甚至會摘下軍階。相信我，我們很團結，從指揮官到一般水手，大家相互依賴。

「我們不一定都能和睦相處，但如果發生任何事，我們被困在同一個箱子裡，就必須一起解決問題。一旦出了狀況，我們會立刻團結起來。在海上，你也要不斷反思自己，哪怕我們之間有任何小問題都必須迅速處理，在小問題變成大問題之前解決。

「而要做到這點，必須能夠辨別身體和精神上的疲勞；要懂得傾聽，必要時讓船員喘口氣。」

那您自己呢？您如何面對長達七十幾天的巡邏？

「這是我第13次巡邏，我的下潛時數將近18,000小時。我有足夠的經驗，我知道如何管理自己。」

18,000小時！這麼說來，在潛艦部隊中，資歷不是看年資，而是時數。這個數字定義了船員和他的聲譽。18,000小時相當於超過兩年的時間不在家，遠離愛人和家人。

「心中存有信念，才能做好這份工作。參與任務的時間過長可能產生某些後果，因此如果感到厭倦，必須懂得停止，而不是硬撐。這份工作的要求太高，又長又久，代價很高。」

您一直保持信念？

「是的，我喜歡待在船上，這裡是我的世界。我是一名潛艦船員，當我這麼介紹自己時，我對自己感到驕傲！如果沒有水手的靈魂，就當不成潛艦船員。

「我們在海裡，被大海包圍。我們比水上作戰艦艇的船員更了解海，因為我們實實在在的感受它。

「與水上作戰艦艇不一樣的是，如果船艦出現問題，我們沒有撤退方案。雖然艦上有單人逃生艙口，但一切只能靠自己。既然沒有回頭路，那也不必再想這些，把它從腦海中驅除。我們的工作有潛在危險，心裡知道就好，無須談論它。雖然每次下潛時難免感到擔心，但後來恐懼會消失，我們會重新適應。」

矛盾

一名船員分享：「當潛艦船員，會面臨一種矛盾。那就是，一直想聊聊工作……但不能。

「這真的讓人很不自在。只要我們在外面提到自己的職業，就會引起很多人好奇，但偏偏我們什麼都不能說。這裡的一切都是祕密，有些人無法理解，便形成一種距離感。最後，還不如和自己人交流。潛艦船員經歷相同，才能相互理解。

「還有，當我們提到自己被關在一個大圓筒裡超過70天……5公尺旁就是核鍋爐房，還有16枚核飛彈。儘管一切安全，我們仍然被當成特殊群體。」

魚雷長

准士官長厄爾文，人稱「Torp」（譯註：魚雷「torpille」的簡稱），是一名武器技師，負責魚雷艙的魚雷長。從2004年開始擔任潛艦船員。

為什麼想當潛艦船員？

「我以前就想要一份與眾不同且與海洋有關的工作，還有什麼比潛艦船員更好？這是個特殊的階級、海軍的先鋒。而且……我的求學過程並不順利。

「年輕時，我一直想找份輕鬆的工作，不必擔責又很悠閒的那種。沒想到我的選擇卻完全相反，而我從來沒有這麼努力工作過，也從未承擔過這麼重的責任；我從來沒有學到這麼多東西，也從未這麼用心工作過。

「我熱愛這份工作，但我的下潛時數達到27,000小時，已經太多了，所以這是我最後一趟巡邏。

「當你感覺到體力上，特別是精神上，已經不再能勝任，那就是離開的時候了，潛艦巡邏生涯不適合太久。我有個6歲的女兒，她不明白我為何總是需要離家，和她分開一段時間。

「我從沒想過會是我的孩子促使我停止，畢竟我非常投入這份工作。我不覺得自己有任何犧牲，這些年來，有所犧牲的其實是我的家人。我們不值得任何讚揚，離開很容易。值得讚揚的是留守在陸地上的家人、妻子、母親和孩子，他們才是付出最大努力、做出最大犧牲的人。這20年來，我只不過是做自己的工作而已。」

第十章　潛艦船員的話

女軍官

　　女性軍人占法國海軍的16%，其中的9%在海上服役。2014年開放女性加入潛艦部隊，而第一批登上核動力潛艦的女性則是在2017年底。在本次演習中，有3名女性軍官加入船員的行列。

　　其中包括瑪利娜（Marine，其名與法語的「海軍」完全相同），她是少校及艦艇助理指揮官。

　　「在艇上，我有兩個職務：一是部門組長，負責管理各單位主管；二是資產主管，潛艦上所有的技術和設備相關的事務，都在我的管轄範圍內。」

為何選擇當一名潛艦船員？

　　「我在13、14歲時讀了法國小說家羅貝爾・梅爾（Robert Merle）的《我們的黎明還沒到來》（*Le jour ne se lève pas pour nous*，中文書名暫譯），這是一本關於核潛艦的巡航故事。儘管當時潛艦部隊還沒有招募女性的計畫，但我對自己說：『以後我要做這個！潛艦船員！』這個念頭完全不合邏輯，但我一直覺得這份工作很特別，它結合了技術與人類的複雜性。

　　「女性登上核動力潛艦既是一件大事，也是一件尋常事。說它是大事，是因為我是第一位擔任這個職位的女性；但它也是一件再尋常不過的事，我的學經歷理所當然的帶我走上這條路。」

161

「核潛艦是世界上最複雜的技術工具，比亞利安火箭，甚至比國際太空站都還複雜。想想看，你在潛水艇裡設置核電廠，並配備16枚核飛彈，再加上110位人員，而每個人都有自己的特質、個性。

「我喜歡這種完全自主的設計：我們可以自主生產水和氧氣、維持艙內的大氣循環；我們有自行處理垃圾、自我修復的能力，以及準確掌握空間和時間坐標，而且這一切都安靜無聲。

「總之，這些技術和運作的複雜性很吸引我。而我認為最重要的使命是：為國效力。我願意為此貢獻自己的才能，希望自己有用。這聽起來像唱高調的空話，但成為我國核子嚇阻力量的國防支柱，對我來說比任何事都更重要。」

您是以船員，還是工程師的身分自居？

「在海軍學校，培育的是軍官、水手和工程師。我三樣兼修，它們相輔相成、密不可分。

「我第一次對自己說『我終於找到屬於自己的地方了』，是在某次故障事件之後。當你面對困難時，從指揮官到船員的眼光都聚焦在你身上。而當你解決難題的那一刻，你就找到了屬於自己的位置。對每個人來說都是如此。」

專業、謙卑、快樂

副指揮官，42歲，有5個孩子。在海軍服役22年。

為什麼想當潛艦船員？

「因為我父親是傳統常規動力潛艦時代的船員，大概是在UB級潛艦（Uboot，德意志帝國在第一次世界大戰期間建造、用於近岸作戰的潛艦統稱）盛行的時代；因為這是一種結合人類和科技的冒險；也因為這裡有堅強的團隊精神，從指揮官到水手，每個人都認識彼此，所有船員也都相互信任。

「此外，要成為潛艦船員，必須專業、謙卑又快樂。」

副指揮官解釋：「專業，是因為我們操作的並非一般機械。核動力潛艦是有史以來構造最複雜的機器之一，我們都必須經過訓練、選拔和考核。有些申請者最終因程度不足而遭到淘汰，這可不是業餘愛好者可以加入的遊戲。

「謙卑，是因為我們要面對各種因素：核子物理、海洋等。即使你已經有數千個小時的下潛經驗，也需要依賴領班或掌舵的年輕水手。遇到緊急情況時，每一位水手都有能力救你一命，所以我們之間的依賴感相當強。在這裡，千萬不能大意或太過驕傲，你永遠都需要學習。

「最後一點，快樂。因為這是一份很好的工作，更何況，若是你滿懷恐懼，絕對沒辦法待在潛艦裡長達70天。

「你必須為自己的工作感到驕傲、為自己的身分感到自豪！」

鍋爐房長

安托萬（Antoine）：
「我之所以在這裡，是因為海軍給我機會。」

「海軍給了我能力和條件以從事這份工作。我只有高職二年級的學歷，這遠低於當今就業市場要求的最低標準，所以我有報效海軍的責任。海軍存在於我的 DNA 裡，水手是我最重要的身分。我具備大海的文化。」

您如何定義大海的文化？

「它代表距離，包括地理距離，還有與親人的距離。想要成為一名潛艦船員，就必須有航海精神，也就是能夠適應團隊生活，因為我們都在同一條船上。

「從各方面來說都是如此。比方說，我喜歡用名字稱呼每一個人（而不是軍銜）。我們的隊員共有110人，花時間記住彼此的名字，是鞏固團隊精神的一種方式。」

第十章　潛艦船員的話

　　安托萬接著說：「我們獨自在這裡，遠離家人。而我知道，我面前的這個人也經歷著同樣的事情。加強彼此關係是最基本的，在漫長的下潛期間，我們獨自離開家人，因此必須互相扶持。雖然不一定稱得上是朋友，但彼此都有連結。

　　「成為潛艦船員，意味著下定決心接受其他人平常絕對不會接受的犧牲。」

荷莫尼上尉

負責推進部的是女性軍官荷莫尼（Harmonie）。推進部負責整個潛艦後部，從各種機器到螺旋槳，都是它的管轄範圍。

核動力潛艦上有女性軍官？

「在這裡，人們評價你的首要標準，是你的能力。」

您是原子科學家嗎？

荷莫尼回答：「是的，我首先是一名原子科學家，其次才是水手……但是，也不盡然。我工作的艦艇、下潛任務、使命感，這些元素不斷的把我帶回大海。不過，我既然在推進部服務，也代表我對技術感興趣。

「核動力潛艦是人類創造出最不可思議的工具。設計潛艦比設計太空站更加複雜，因為克服真空比克服水壓來得容易。潛艦艦體要承受幾十巴的壓力，我們處在險惡的環境。」

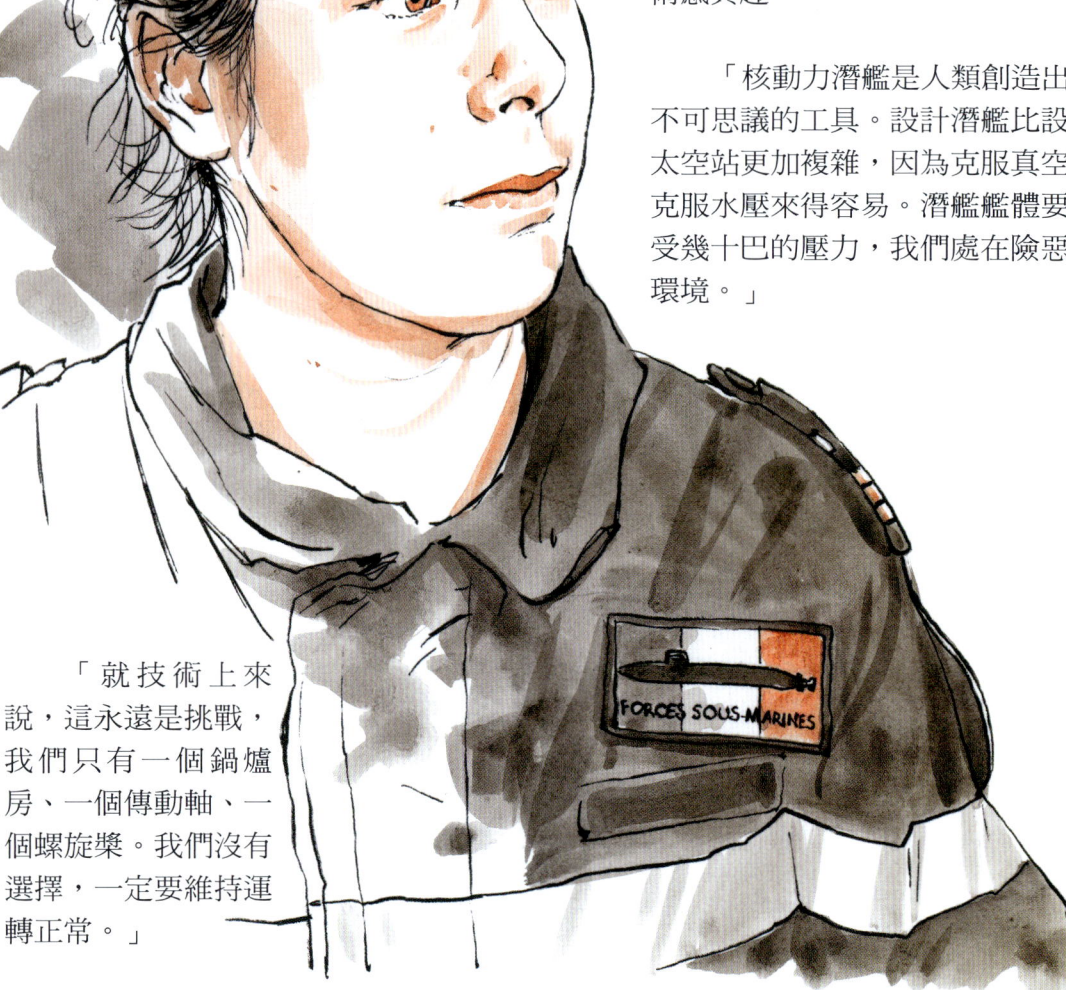

「就技術上來說，這永遠是挑戰，我們只有一個鍋爐房、一個傳動軸、一個螺旋槳。我們沒有選擇，一定要維持運轉正常。」

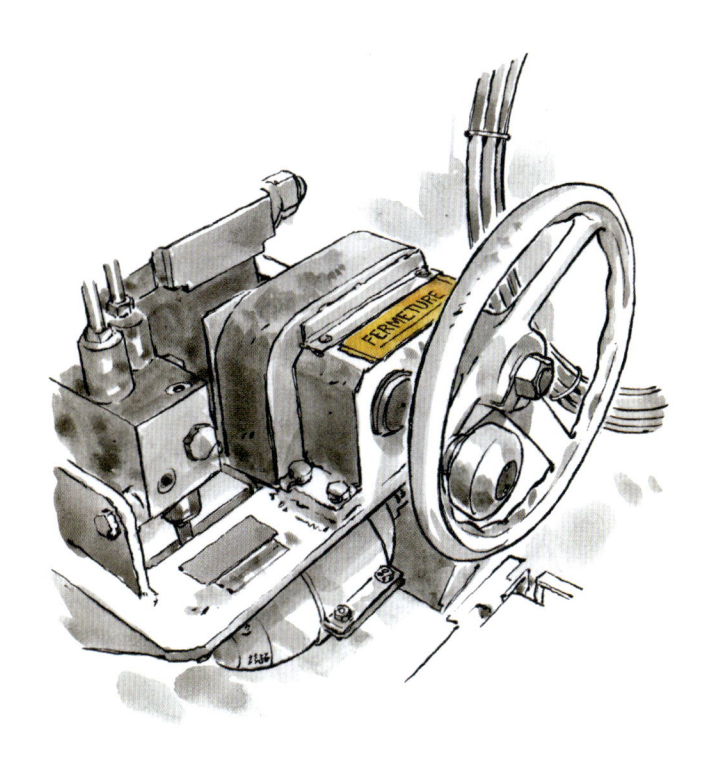

「如果發生故障,我們必須維修,無法更換設備。」

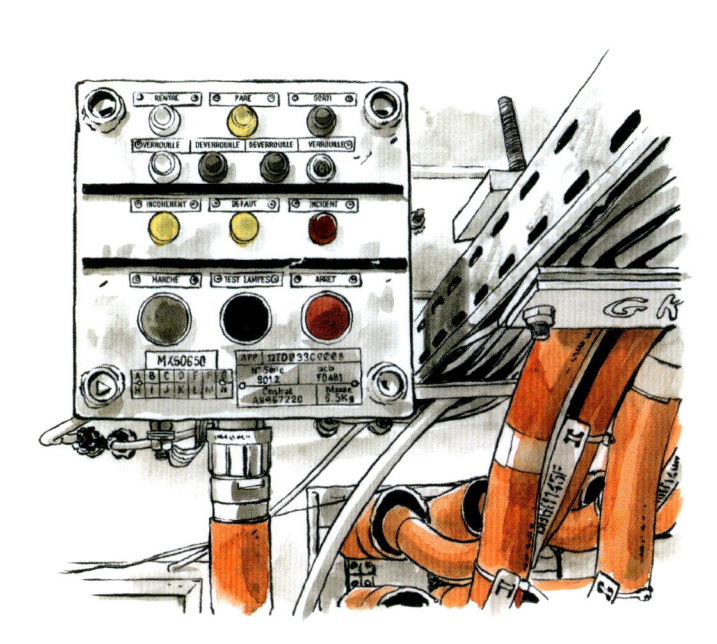

第十一章
所見所聞

登上核動力彈道飛彈潛艦，是一趟踏入未知領域的旅程。
本次的採訪對象包括水手、機械師和工程師。他們說著自己的語言，
用夾雜二元語法（bigram，兩個字母或兩個單字的字串組合，
通常用於密碼分析或電腦運算）、簡稱和專業術語的詞彙溝通。

正在進行中

「正在進行中。」（C'est en cours）是艦上最常聽到的回答之一。它既是一種永遠不會被問倒的回答方式，也是禮貌性的表示「我什麼都不知道」，卻不會被長官冷眼。

這句話大致意思是「我目前沒有答案，我馬上查」，或是「我剛才被交代的工作還沒完成，但應該不會太久」。聽起來雖然有些含糊，但表示態度積極。

阿基米德

應用於潛艦的偉大物理原理，是希臘數學家阿基米德（Archimedes）發現的浮力。

物體浸入水中時，會排開與自身體積相等的水量。因此，如果想維持固定深度，浸水體積的質量必須與排開水量的質量相同。換句話說，潛艦的重量會由阿基米德浮力抵消。

萬一發生推進故障——但這永遠不會發生——船速將迅速降低，很可能會導致我們沉入海底。如果船體的重量計算得宜，那麼即使速度很低，也能保持0縱傾角和0橫傾角。

P

P代表潛艦下潛的最大深度，屬於機密資料。

這個深度是根據各項標準定義來計算的，其中最重要的因素是：到達哪個深度時，水下壓力將導致船體受損？

潛入水中時，水下的壓力有可能大到足以壓垮潛艦，這是毀滅潛深，因此絕不能下潛到那個深度。再稍微高一點的地方，雖然不會壓扁船體，但可能導致船體結構發生不可逆的變形。

P是非常重要的參數。接近這個深度時，所有事情都會變得更敏感。因此，船員們會說「開場」了，這是很盛大的儀式。

下降至P，也意味潛艦無法被探測到。對每一位船員來說，下降至P是值得驕傲的事。而第一次下潛到P時會舉行儀式，包括洗禮、頒發證書，還會從深海汲取一碗海水……直接乾杯！

第十一章　所見所聞

備援

核潛艦的作業安全基於兩個原則：備品與地理隔離。

備品指備妥兩個功能相同，但技術不同的元件；地理隔離則指這兩個元件不可位於潛艦的同一位置。

例如，潛艦可以利用鍋爐房和電池取得能源。這兩種方式採用不同技術，且位在不同的位置。核潛艦上的所有元素，都嚴格遵守這項條規，包括飛彈艙。這使潛艦保有自主性，是歷經一個世紀累積的經驗和工程技術發展的成果。

14,000 噸

我們有一臺可以推動14,000 噸的特殊機器，而14,000 噸意味著非常巨大的慣性，所以在操控時，得有非常好的預判能力。保持前進時很順暢，但減速或停止需要更長的時間。因此，操作警戒號必須平穩、緩慢，潛艦的優勢不是快速移動。

171

清空垃圾的氣閘艙（SVO）

　　航行超過 70 天，中途不會停靠，艦上還載著好幾噸的食物，於是，如何清理垃圾很快就變成重要問題。

　　可以肯定的是，警戒號不會把它們存放在儲藏室，也不會浮上海面再把它們丟掉。原來，這份苦差事是由餐飲部的船員完成。

　　船員說：「有機廢棄物會經過壓縮，打包放入澱粉製的可生物降解袋（按：可被微生物轉化為水、二氧化碳或微生物等自然元素），然後經由一個安全氣閘艙『拋射』出去。清空垃圾的氣閘艙縮寫為 SVO。它是一條垂直的管子，有兩個安全的活板門，穿過潛艦的船殼。

　　「每個袋子都要先戳洞，並在底部放置鉛塊，以確保垃圾下沉到海底。要清理這一袋袋的垃圾可不是小事，事實上，作業風險極高，因為氣閘艙開啟，海水會灌進，使潛艦下沉，所以這個過程受到嚴格的規範。」

　　為了安全起見，打開氣閘艙時，副指揮官和大副必須在場，且只有在獲得指揮艙的同意後才能進行。除了要確保這份不得不做且挑戰嗅覺的苦活能夠順利進行，副指揮官還必須講一些謎語……。

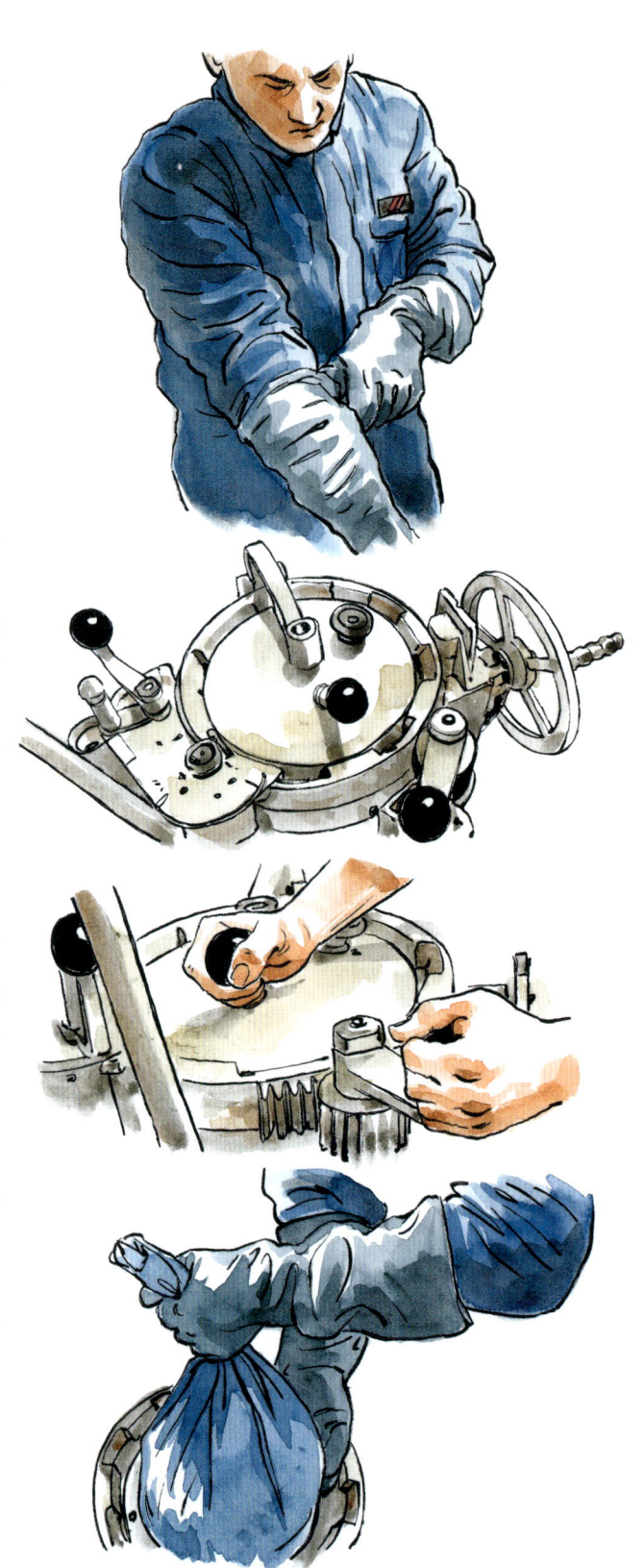

第十一章 所見所聞

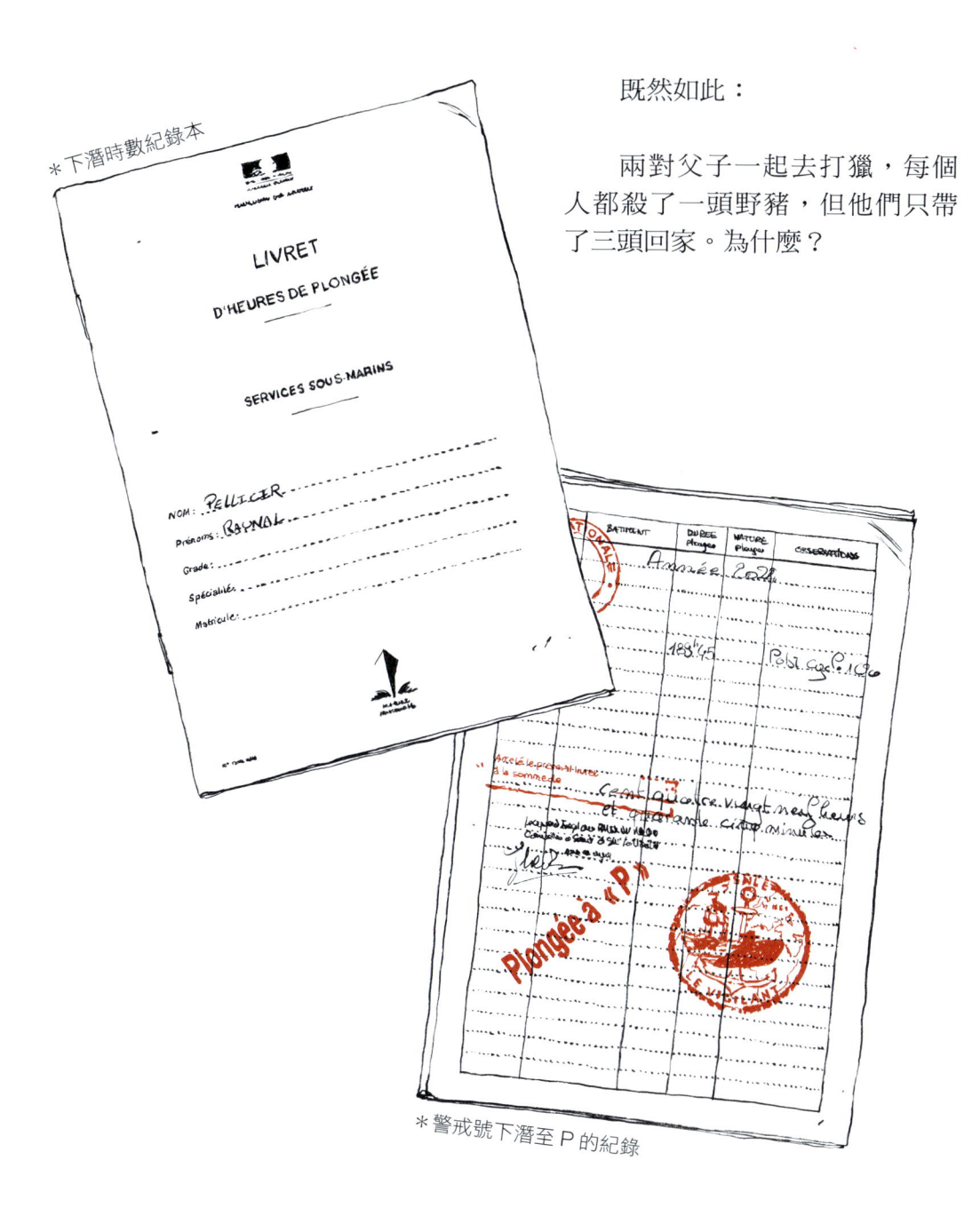

既然如此：

兩對父子一起去打獵，每個人都殺了一頭野豬，但他們只帶了三頭回家。為什麼？

＊下潛時數紀錄本

＊警戒號下潛至 P 的紀錄

173

第十二章
奧斯卡，奧斯卡，威士忌

12天的下潛訓練已接近尾聲，經過幾次安全演習，在返回長島之前，還有最後一項訓練等著警戒號的船員們。

那就是一場海戰！兩艘法國海軍潛艦之間的殊死戰。

核動力彈道飛彈潛艦（警戒號），將對抗核動力攻擊潛艦（sous-marin nucléaire d'attaque，縮寫為 SNA。專門設計來攻擊和毀傷水面艦艇和其它潛艦）。這場在大西洋深處的多回合「戰爭遊戲」，令人興奮又擔憂。

指揮官說：「我們要進行反潛作戰訓練。平時，SNA 必須悄悄接近敵方，並蒐集資訊，而我們則應遠離威脅，避免被發現。但這場對抗將與我們巡邏時所應遵循的邏輯相反，可以想像成情勢演變為危機時期或戰爭時期，核潛艦被迫在敵對環境中行動。」

這場潛艦對決的腳本是什麼？

「大略來說，是我們面臨附近一艘潛艦的威脅。在接下來的 10 個小時內，我們的任務是找到並擊沉敵方潛艦，以重新獲得行動自由。」

敵方是誰？

「敵人，同時也是獵人，將由卡薩比安卡號（Casabianca）扮演，它是一艘核動力攻擊潛艦！」

如果對方是獵人，那就代表我們是獵物？

「在這種情況下,是的。核潛艦就像廣闊森林裡一頭孤獨的老野豬,而獵狗永遠找不到我們。但在成為獵物之前,最好先體驗過獵人的角色,也就是SNA的指揮官。我曾待在核動力攻擊潛艦16年,幾乎學會所有東西。每一位核動力彈道飛彈潛艦的指揮官都曾指揮過攻擊潛艦。這是訓練。

「在SNA上,我們必須展現侵略性。掌握攻擊力是成功的因素,沒有攻擊,就沒有軍事行動。因此,我曾大量、到處獵殺,也執行過情報蒐集任務。有時是在戰區,甚至是在受到威脅的情況下。我做過許多高難度的工作,每一項任務都極具挑戰。我狩獵了很久,也捕獲了很多!這些經驗對我在警戒號的每一天都很受用!」

有哪些戰術?

「是針對核動力攻擊潛艦,還是一般而言?有好幾種可能。有些聽起來還挺有趣的,像是『碰!直接撞狗』(PAF le chien)或『擋風玻璃的雨刷』(l'essuie-glace)。」

啊?

「『碰!直接撞狗』指正面攻擊。直接朝目標前進,一旦碰到敵方護衛艦的聲納屏障,就立刻減速並開戰。這很簡單,但不一定有效,也不見得能一直掌握主控權,偶爾行得通。

「『擋風玻璃的雨刷』則是水面艦艇使用的一種戰術。當敵艦像擋風玻璃的雨刷,在水面上不停的來回航行。這時,我們就朝反方向行動,他們往南,我們就往北;他們往北……。」

我們就往南!

「沒錯!就這樣持續下去……像擋風玻璃上的雨刷,總是會回到原點。真的很煩人,不少指揮官就是栽在這種戰術手裡。
「還有最後一招:從後方攻擊。這很困難,且往往需要長時間的布局。我討厭這種情況,因為太容易受到突發事件影響。」

我們到了預定地點，警戒號的廣播傳出命令：「就作戰位置！」隨即響起嗶嚕、嗶嚕的警報聲……然後，船員們按照既定程序開始動作：「各崗位最佳人選就定位。」

在指揮艙，指揮官、副指揮官和值班軍官圍坐戰術桌旁商議。他們正在分析海圖，圖上已劃定戰區範圍。看似很小，這個範圍的寬度只有幾海里（1海里等於1.852公里），但總面積仍達到200～250平方公里！

海圖上覆蓋著一層透明薄片，三人用紅色或藍色簽字筆在透明薄片上畫出十字、圓圈和一些線條。兩個點之間的距離以傳統方法測量，即圓規和直尺。三人會談的唯一目的就是擬定戰略，同時猜測對手的策略。

指揮官說：「卡薩比安卡號是老一代的核動力攻擊潛艦，因此我們擁有技術和聲學優勢。正常情況下，這場比賽應該是我們獲勝。不過，SNA的指揮官們都很好勝……不能高興得太早。」

操作員們緊盯著螢幕，希望能發現敵方蹤跡，從各個方向、各種深度徹底解析整個作戰區，現在，兩艘核動力潛艦正在大西洋展開一場聲學決鬥。

聲納對戰聲納，較安靜的一方將勝出。勝利的關鍵在於有無戰略錯誤或疏失（儘管這不太可能發生）：螺旋槳的噪音、管道系統的水錘聲、渦輪機的拍擊聲、輔助發動機的嗡嗡聲、泵浦的吱嘎聲……即使是隱約的窸窣聲，只要是機械發出，任何短促的聲音都會被警戒號記錄下來。

很快的，操作員大聲報出敵艦的位置：「方位 1－5－6（指正北方順時針156度）！」

金耳朵確認：「嘶嘶聲……就是它，卡薩比安卡號！它在後方行進。」

在聲納螢幕上，敵艦只有一個像素大小，它的航線以白色線條顯示。

卡薩比安卡號已經上鉤。我們感受到了緊張氣氛，但不能太早出手、行動。指揮官開始下達指令，對話裡夾雜著一堆數字和資料，彷彿我們正在拍攝一部戰爭片，劇情介於《獵殺紅色十月》（*The Hunt for Red October*）和《潛艦追緝》之間，兩個對手即將正面交鋒。

指揮官大聲下令：「安靜！全員準備交戰。」
操作員說：「一切準備就緒」
指揮官說：「取得訊號多久了？」
操作員回答：「兩分鐘。」

指揮官這樣評價這場以他為核心的比賽：「我們將降低速度前進，並提高機動性。這將是一場近距離戰鬥，幾乎可說是肉搏戰。最敏捷、反應力最快的一方將獲勝。」
指揮官對全隊船員下令：「我判斷敵艦還沒有很靠近！航速調至5節，轉向3—2—0。」
片刻沉默。
「航向3—2—0途中。」

「好（Bien）。」
在這裡，副詞「好」並不帶有任何稱讚意味，僅表示宣布的消息已經確認、確實聽清楚了（法語中的bien亦有「很好」或「很棒」之意）。
指揮官說：「讓敵艦過來，我們保持不動，絕不能給對方任何過渡聲（如推進器聲），一旦決定作戰方案……。」
「碰！再見！」
「我就像潛伏的狙擊手，還沒有看清目標，所以延後行動。這是一場比耐心的競賽，雙方都在等待對方出現破綻，但總是會需要……。」

需要什麼？不禁讓人好奇發動攻擊的關鍵詞是什麼。

副指揮官說：「是……開火！超級重要的關鍵詞！」

讓我們利用這個機會插話。魚雷發射出去之後呢？

副指揮官說：「我們仍然可以調整魚雷的軌道，因為它是線控導引（wire-guided）魚雷，潛艦和魚雷之間有導線連接。

線控導引的魚雷？射程有多遠？

「幾十公里。魚雷有自己的感測器，並配備兼具主動和被動模式的聲納，它能夠辨別船隻的聲音並朝著我們指引的方向前進。根據其監測的相關數據，我們會在整個發射過程中修正路線，以減少偏差，直到撞擊的前幾秒。

「從發射到撞擊，最多需要8～10分鐘。唯一的限制是，沒有電池，魚雷就沒有動力，最終只能沉入海底。

「魚雷是毀滅性武器，其目的是摧毀水面船隻或水下潛艦。

「很多人以為魚雷會穿透敵艦，其實未必。它可以行進至目標下方，爆炸並產生巨大的氣穴。這個真空氣泡會將艦體向上抬起，最終重重落下，使艦體斷裂。如果目標是潛艦，魚雷則必須盡可能靠近，以產生毀滅性的衝擊波。魚雷爆炸的威力大到令人震撼，無論是視覺還是聽覺上都是如此。」

為了讓我們放心，副指揮官補充：「就目前的情況來說，我們是使用虛擬魚雷！」

「希望卡薩比安卡號也是如此！一旦出現操作失誤，或是對演習性質有誤解，這次演習就會立即終止。畢竟，車諾比（Chernobyl）核災就是在一次例行演習時發生的。」

插曲結束。我們回到戰鬥現場，指揮官接連下達命令。

「3號發射管準備發射！」
指揮官命令：「開火！」
「3號發射管開火！射擊方位2—3—4。」
「航速8節，右舵10度。」
「好。」
「魚雷切換為手動。」
「啟動自動導引！」

操作員查看秒錶，正在估計撞擊的時間點，嘀嗒嘀嗒嘀嗒嘀嗒……。

「還剩700公尺，這個距離好！」
「左舵10度！」

指揮官說：「敵方已經察覺到我們發動攻擊——一顆突如其來的魚雷。他們試圖躲開，但……。」

轟隆！
太遲了。

第十二章 奧斯卡，奧斯卡，威士忌

指揮官說：「在這個射程內，敵方幾乎無處可逃。不論移動或使用誘餌，時間都太短。我們剛剛以虛擬魚雷擊沉了一艘潛艦！你們看到了嗎？一分鐘半的交戰！我等待時機成熟才開火，然後就轟隆一聲！這一回合，是我們獲勝了。」

副指揮官隨即聯繫卡薩比安卡號：「奧斯卡，奧斯卡，威士忌！」（Oscar Oscar Whiskey!）
意思是：我擊中你了，你輸了。

在與對方分享航線和虛擬發射數據後，操作員宣布：射擊有效！
1比0，警戒號領先。

足球員進球時，肯定會興高采烈的慶祝。但在這裡，大家只能在內心激動，最多嘴角露出一絲微笑。

指揮官說：「現在，我們要在下一次交手前重建戰術情勢。基本上，我們會散開，接著數到10，然後我們重新開始狩獵。1比0，不錯，但我了解卡薩比安卡號的指揮官，他不會就此罷休。此外，我希望他能贏下下一回合！」

啊？

「為了讓我的船員走出舒適圈！」

181

接著又開始狩獵行動，但這一次，卡薩比安卡號有點棘手，過了很久都偵測不到他們的行蹤。金耳朵只能在螢幕前枯等。

負責監督戰鬥系統的士官長朱利安（Julien），俯身靠近一名年輕操作員的肩上，努力壓抑心中的不耐煩。他手上握著馬克杯，裡面的半杯咖啡都快涼了。突然，他對操作員說：「嘿！快看那裡！」

朱利安指著螢幕……有一道蹤跡！

操作員似乎有點懷疑的說：「嗯！那應該只是生物……。」

朱利安說：「你知道嗎？有句話說，每個生物背後都藏著一艘潛艦！生物會被人類活動吸引。」

操作員說：「可以接收到訊號！」

兩人現在信心十足，互相碰拳表示肯定。

「確認敵艦！」

朱利安說：「潛艦發出的噪音比生物小，所以當螢幕上出現這樣的訊號時，我們就會特別關注，這就是著名的『機械生物』（bio mécanique）！」

在等待作戰方案確認時，可不能輕易放過我們的「生物獵人」。負責監督戰鬥系統，這是什麼樣的職位？

朱利安解釋：「從簡單的偵測，到使用戰術武器。」

您目前累計多少下潛時數？

「已達 19,800 小時，而且還在持續增加。」

這對你來說應該是小意思吧？你的志願是？

「我 3 歲時讀了小說《海底兩萬里》（Vingt mille lieues sous les mers）！當時我對自己說：我要做這個！我從來沒有改變想法，並在 16 歲時入伍。」

那麼，你為什麼選擇核動力彈道飛彈潛艦？

「在 SNLE 上，我們擁有比民間先進的技術，人性的挑戰也很了不起，我們之間分享的是很私密的事情。這些事情在外面無法和別人談論。和這些船員在一起，就像在一個泡泡裡。」

儘管環境封閉、擁擠、不見天日、遠離家人，還是堅持如此？

「但這就是人生。這就是人生，我的人生。而且，人性可以戰勝一切！」

談話中斷……。

第十二章　奧斯卡，奧斯卡，威士忌

「我們失去訊號！被兩間企業（兩艘商船）擋住了！」

卡薩比安卡號從螢幕上消失。我們只捕捉到他們1分鐘！朱利安回過頭檢視螢幕上雜亂的線條。

金耳朵說：「我們在重新追蹤訊號。找到了，我可以確認就是它！特徵非常明顯！他在左邊，以向左3度的角度變化航行。方位2-7-8，距離7,000公尺。」

「果然是我們的『貴客』。做得好！夥伴們！」副指揮官接手指揮演習，說：「他還沒偵測到我們，而且還要花很長的時間！我們的目標是掌握先機，在被敵人偵測到之前，率先偵測到敵人，在被攻擊之前先發制人。」

潛艦停下。

「1號發射管準備。」
「1號發射管開火！」
狩獵進行中。
自導魚雷發射。「1,000公尺……2,000公尺……3,000公尺。」
轟！

副指揮官說：「很好！完全命中，我們做到了！」

警戒號再得一分。

副指揮官說：「能『擊中』核動力攻擊潛艦，真是振奮人心。」

一位船員說：「來根菸慶祝？」

哈哈哈……。

潛入核動力潛艦

分數來到 2 比 0，副指揮官和指揮官各得 1 分。現在，他們將演習交給值班軍官。而指揮官期望的事也發生了——警戒號被敵方偵測，慘遭魚雷擊中。卡薩比安卡號得 1 分，並回敬信息：

「奧斯卡，奧斯卡，威士忌！」

值班軍官因挨了一記魚雷而懊惱不已。
一位船員忿忿的說：「我們被擊中了。」
另一位船員說：「你在開玩笑嗎？」
又另一位驚呼：「天吶！被他們以牙還牙！」

指揮官說：「輸了自然令人不開心，但我的隊員們在接下來的比賽一定會想要復仇，這正合我意。」
復仇心與自尊確實是動力的來源。警戒號重新占上風，在接下來的戰局連連告捷，最後取得壓倒性的勝利。

這艘核動力攻擊潛艦完美扮演了陪練的角色，為了感謝卡薩比安卡號的指揮官協助完成這次演習，警戒號特別發送了「海豚代碼」（Dolphin code，一種潛艇間使用的簡單代碼，用於非正式或俏皮的溝通）。

「這是兩位數的密碼，讓潛艦船員可以相互交換友好訊息。」

是為了搞笑嗎？

「是的……我們大多數的溝通都非常嚴肅和正式，這讓我們可以在結尾時來點幽默感。」

能否舉幾個例子，發送給卡薩比安卡號的海豚密碼可能是哪些？

海豚03：關於上次的練習，你大可以派隨便一位漁夫就好。
海豚06：在上次的攻擊中，你表現出明顯的自殺傾向。
海豚50：有你們這樣的朋友，就不需要敵人了。

相關代碼共166條。最後一條也很貼切：
海豚166：前方有一枚魚雷，這是我們提醒你該慢下來的方式。

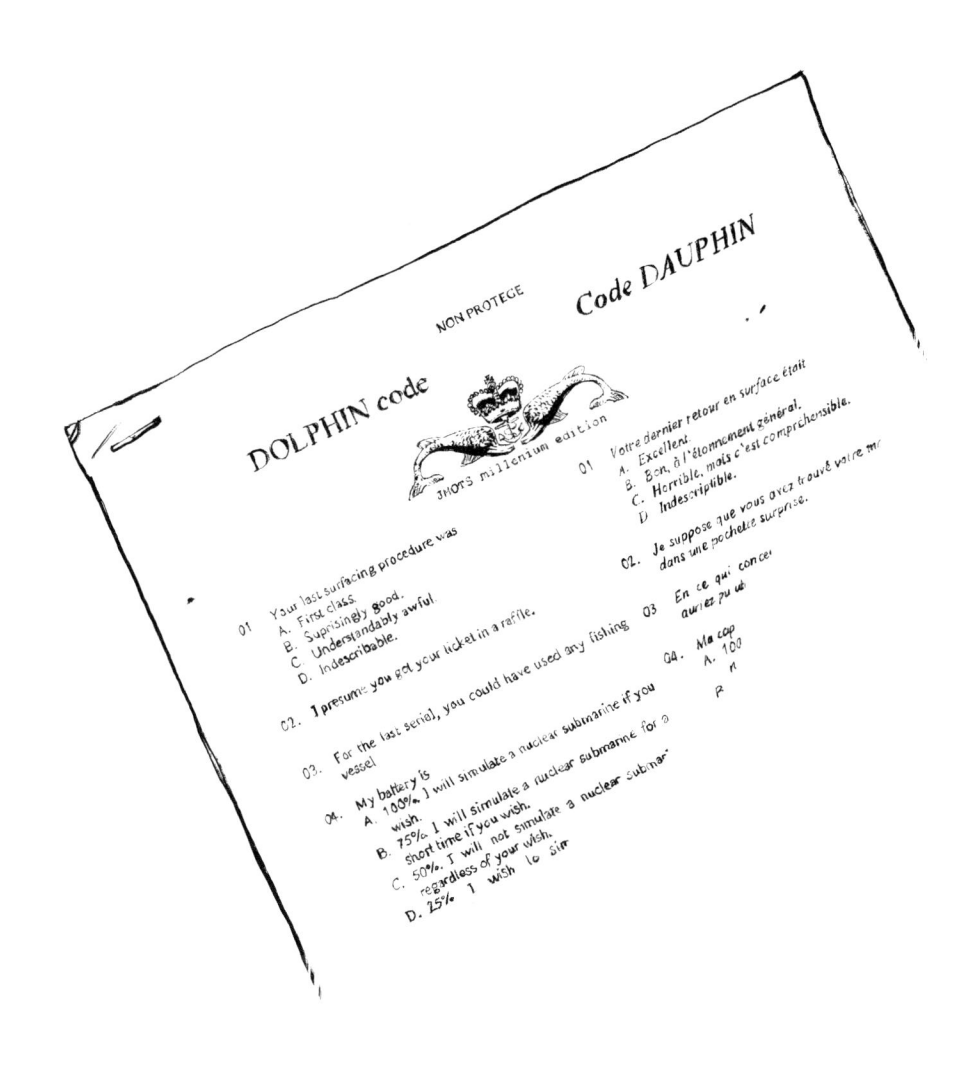

第十三章

回到生活圈

下潛終於告一段落。
12 天的海底生活、多次的安全演習、一場海戰和下潛至最大深度……
警戒號的船員們向我們展示了他們的日常生活。
現在就剩返航,然而這並不如想像中的容易。

面，卻是隆隆聲不斷。」

又另一位船員說：「在碼頭與家人重聚，是巡邏中最棒的時刻。在工作上，我們知道已經完成任務；在情感上，我們和親人再度團圓。」

再另一位船員說：「當我們上岸，是從一個有110人的封閉處，踏上一個有地平線和人們可以四處奔跑的地方。我們會有一段時間感覺與周圍的人脫節，就好像要在減壓艙先待上幾天，才能重新適應、重新和別人建立聯繫。」

指揮官說：「離開，對留下來的人比較困難。回去則正好相反，對回去的人來說比較困難。」

一位船員說：「我們迫不及待出航，也迫不及待返航，這是一個永無止境的循環。」

醫護兵說：「你知道返航時最高興的第一件事是什麼嗎？就是重新浮出水面。我們可以爬到上面，大大的吸一口新鮮空氣、仰望星空，真是棒極了。在海底待了七十多天後，這種壯闊景色和空間更令人覺得難能可貴。」

另一位船員說：「我們的生活被凍結了七十多天，回到家、生活恢復正常後，現實迎面撲來。你必須更新這兩個多月的時事，更別提還有幾十則訊息和電子郵件要回覆，這會讓人後悔斷了聯繫。回到家的第一晚甚至會睡不著，因為安靜得可怕，難以忍受。我會想念送風機的隆隆聲和弟兄爬通道的腳步聲。對於那些試圖偵測我們的人來說，警戒號是一艘安靜無聲的潛艦，然而在裡

第十三章　回到生活圈

女軍官說：「離開的確困難，但這是必要的，而且並不是一件糟糕的事。

「困難的點是，我們要留下家人和朋友離去。有時會因此錯過重要事件，某些事錯過就永遠也趕不上了。我們會替親人擔心，因為我們知道在這段期間，他們將獨自處理一大堆事情。

「但是，只要一上船，我們就不再想這些問題，必須把心思放在工作上。我們都清楚工作時不會有來自外界的干擾，也不會收到壞消息，這讓事情變得簡單，讓我們可以專心。在這裡，大家一天24小時都在工作，即便有一些放鬆時間，我們都明白隨時可能有事情發生：煙霧、漏水、故障等。總之，大家都沒有真的放下工作。

「在水下待了七十多天後，以全新的眼光重新發現這個世界，是一種很特別的感覺。然而，回去也不見得是容易的，因為我們和現實生活產生了落差，錯過了許多。親人們想告訴你所有你不在時發生的事，這很令人開心，卻又讓人吃不消。

「我們一直都是按表操課，日復一日。突然間，你必須打破這個規律，在家中重新安頓自己，你的家人已經在沒有你的情況下度過兩個多月，他們已經習慣沒有你的生活，而且那種生活的運作方式是不同的。所以，你必須重新找回自己的位置，但要慢慢來，找到一種微妙的平衡。

「我們必須回到生活圈裡。和朋友也是一樣。回去時，我不喜歡重新啟動手機，因為我知道會有好幾十條簡訊、電子郵件、WhatsApp 訊息。事實上，（停頓了一下），這讓我感到苦惱，倒不是因為害怕看到壞消息，而是我會覺得有義務回應，但我根本不想。

「我離開是為了工作，我很喜歡，也很滿足。這件事如此強烈的激發我的熱情，我很高興能在海上，而且是和一艘這麼了不起的艦艇。

「回家比離開更難。」

189

到了，我們回到海面上了。出發時的惡浪、狂風和陰沉天色終於過去，如今碧空如洗，一片湛藍，海面平靜無波。遠方，法國海軍的守護天使又回來了，潛艦前方有幾隻海豚在艦艏激起的浪花嬉戲。地平線上，菲尼斯泰爾的海岸逐漸浮現輪廓。很快的，警戒號的藍隊船員就會接手。屆時，他們會聲稱自己才是這艘潛艦真正的船東，紅隊只是租客。很好，大家公平競爭。

12天過去了，僅僅12天。隨艦採訪的潛航生活即將結束，現在必須「回到生活圈」，重新與世界、時事，甚至是手機連結……形同一種約束。

該說的都已經在這本書裡了。

海軍見習軍官（Midship）

　　軍階最低且最年輕的軍官。負責軍官活動室的康樂活動，確保餐桌上的對話不中斷、尊重傳統，並在週日午餐唱出菜單。

第十三章　回到生活圈

比杜（Bidou）

比杜是艦上最年輕二等士官水手的暱稱，是全體船員的寵兒。他有開玩笑（取笑別人）的特權，其他人則沒有。

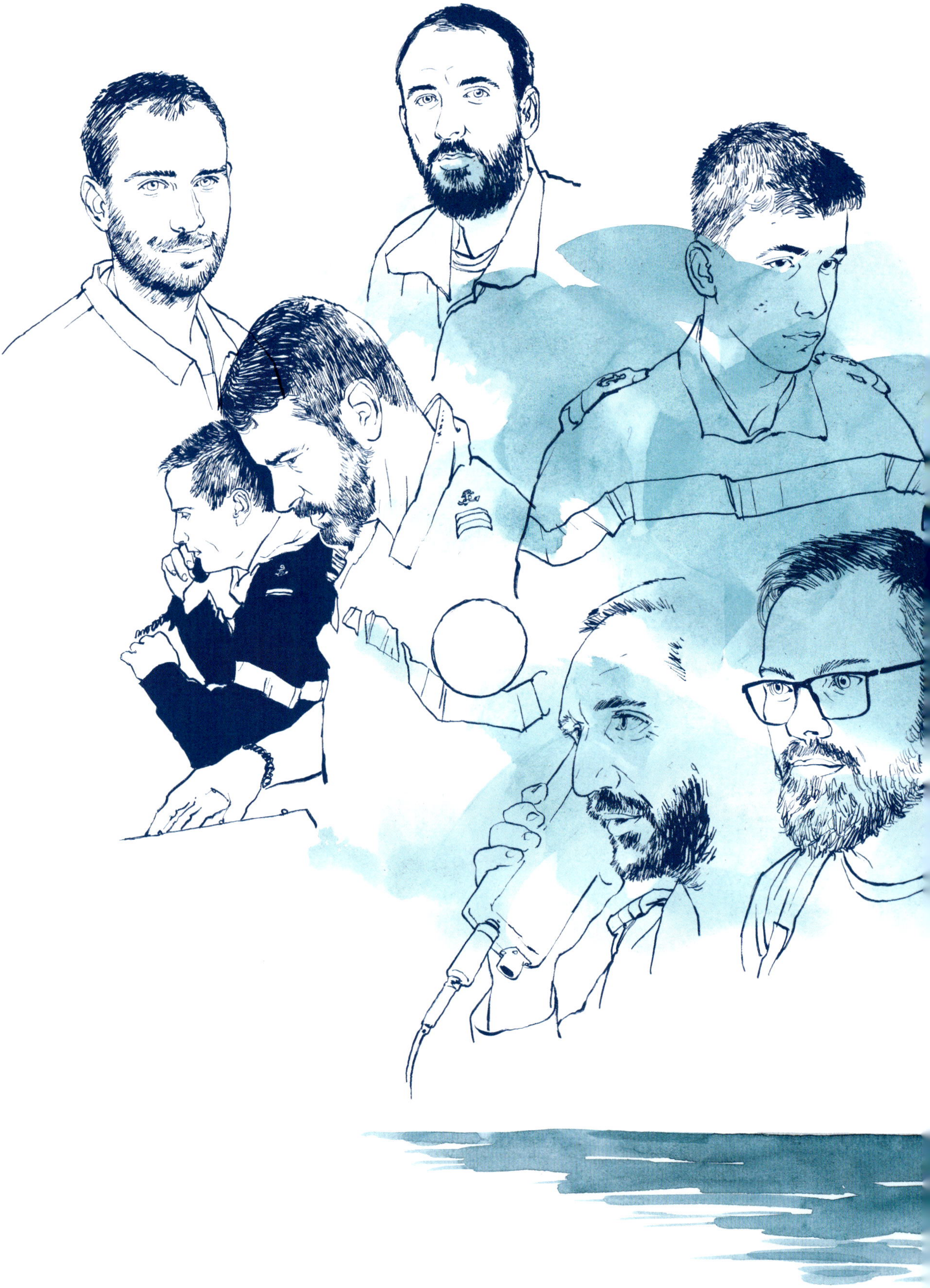

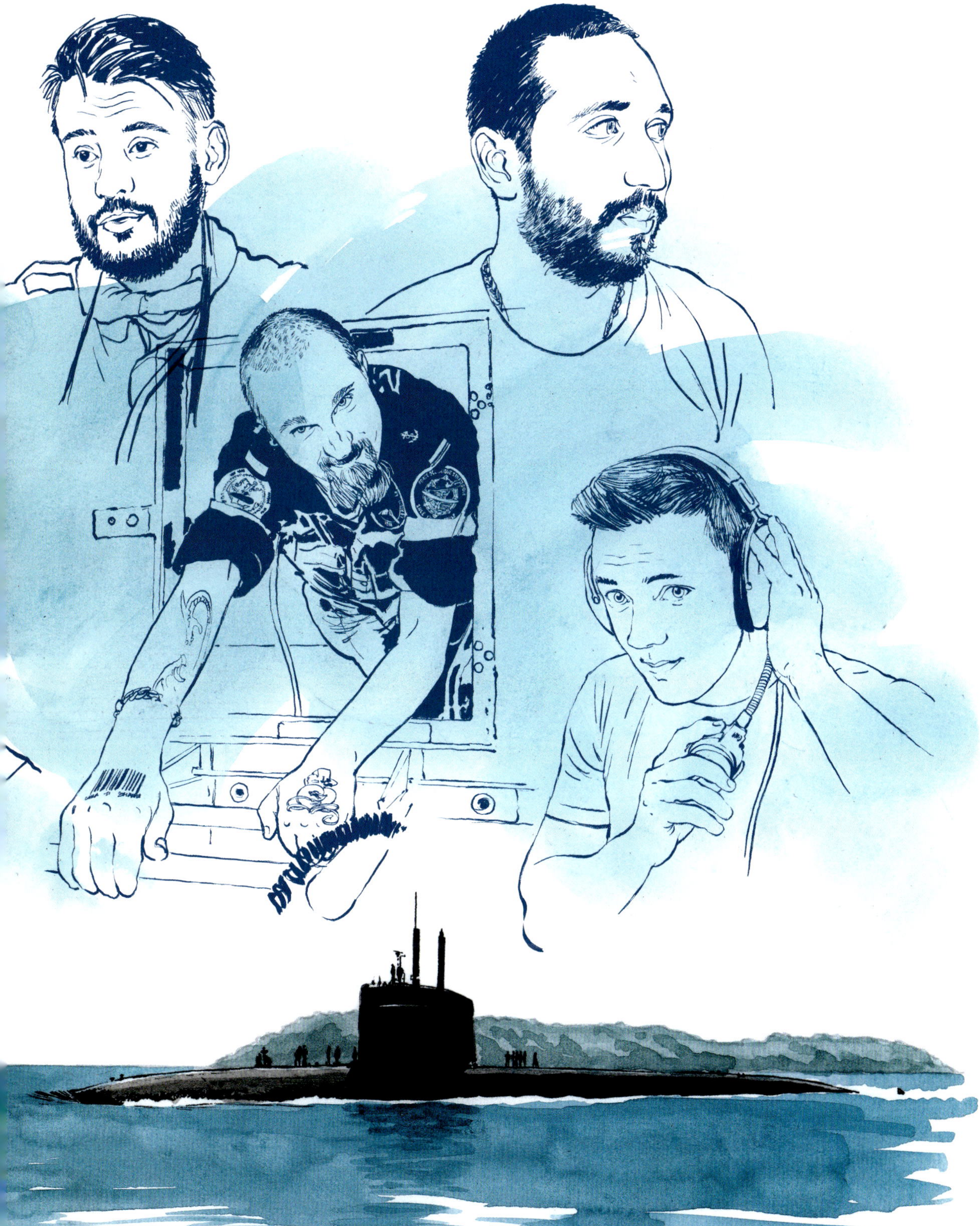

插畫：馬歐・提耶里（Mahaut Thierry

致謝

我們要感謝：

法國海軍與海軍資訊暨公共關係處（Service d'Information et de Relations Publiques des Armées，縮寫為SIRPA）的協助、戰略海洋部隊、警戒號指揮官路易—埃爾韋・蘭伯特（Louis-Hervé Lambert）上校和110名紅隊船員——真正的船東。

感謝品牌與合作部門負責人傑弗瑞（Geoffrey）少尉、潛艦部隊及戰略遠洋部隊通信官文森（Vincent）、亞摩里（Amaury）海軍少尉。

感謝 La Martinière 出版社的塞韋林・卡桑（Séverin Cassan）、伊莎貝爾・達爾圖瓦（Isabelle dartois）。

感謝希爾維（Sylvie）、蕾亞（Léa）和泰勒瑪（Thelma）。

感謝洛雷（Laure）、艾維爾（Avril）和馬歐（馬歐在準備法國高中畢業會考時創作了左邊的插畫）。

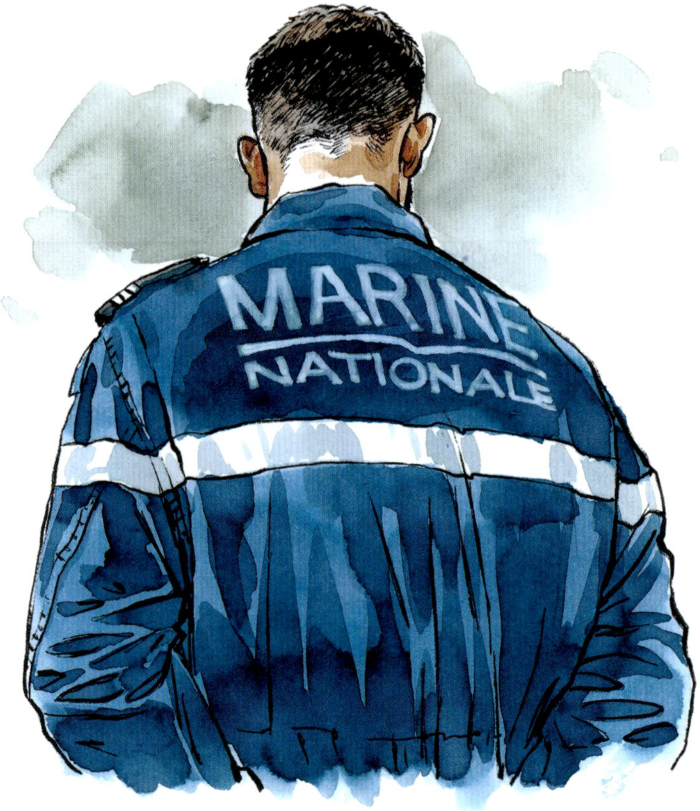
MARINE
NATIONALE

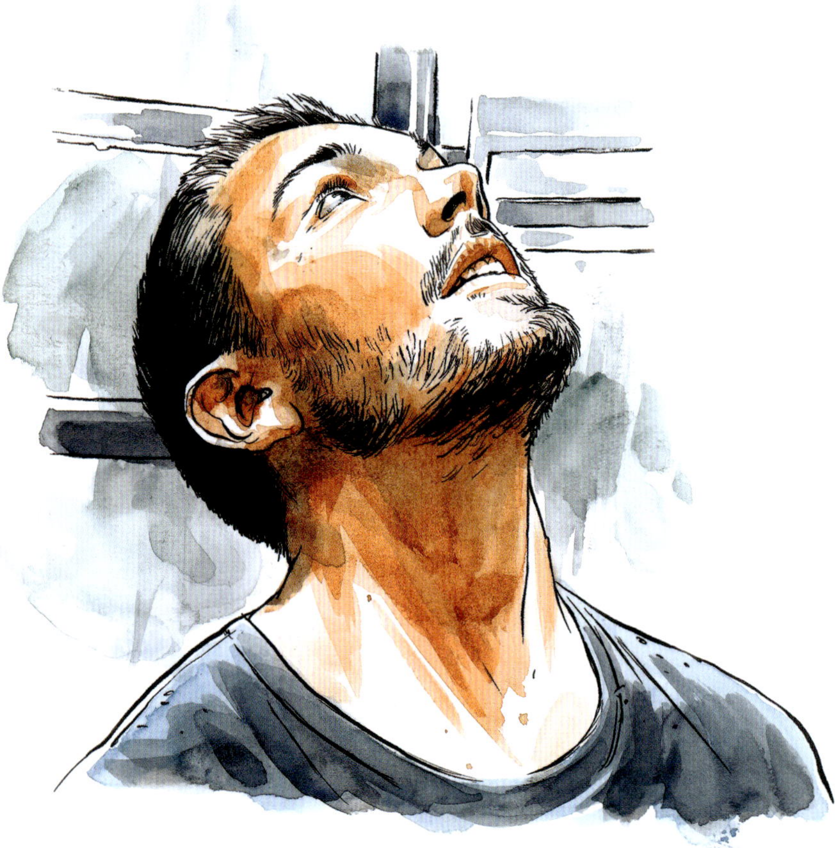

國家圖書館出版品預行編目（CIP）資料

潛入核動力潛艦：最機密軍事行動，不能留下任何鏡頭，全程手繪重現法國潛艦「警戒號」110名成員巡航與訓練內容。／雷納・佩利謝（Raynal Pellicer）著；Titwane 繪；黃明玲譯.
-- 初版 . -- 臺北市；大是文化有限公司，2025.08
208 面；19×26 公分 . --（Style；110）
譯自：Le Vigilant: Immersion à bord d'un sous-marin nucléaire
ISBN 978-626-7648-82-7（平裝）

1. CST：潛水艇　2. CST：軍人生活　3. CST：軍事文化
4. CST：繪本　　5. CST：法國

597.67　　　　　　　　　　　　　　　　　　114007021

Style 110
潛入核動力潛艦
最機密軍事行動,不能留下任何鏡頭,
全程手繪重現法國潛艦「警戒號」110 名成員巡航與訓練內容。

作　　　者／雷納・佩利謝(Raynal Pellicer)
繪　　　者／Titwane
譯　　　者／黃明玲
責任編輯／張庭嘉
校對編輯／劉宗德
副　主　編／連珮祺
副總編輯／顏惠君
總　編　輯／吳依瑋
發　行　人／徐仲秋
會計部｜主辦會計／許鳳雪、助理／李秀娟
版權部｜經理／郝麗珍、主任／劉宗德
行銷業務部｜業務經理／留婉茹、專員／馬絮盈、助理／連玉
　　　　　　行銷企劃／黃于晴、美術設計／林祐豐
行銷、業務與網路書店總監／林裕安
總　經　理／陳絜吾

出　版　者／大是文化有限公司
　　　　　　臺北市 100 衡陽路 7 號 8 樓
　　　　　　編輯部電話：(02)23757911
　　　　　　購書相關諮詢請洽：(02)23757911 分機 122
　　　　　　24 小時讀者服務傳真：(02)23756999
　　　　　　讀者服務 E-mail：dscsms28@gmail.com
　　　　　　郵政劃撥帳號：19983366　戶名：大是文化有限公司

香港發行／豐達出版發行有限公司 Rich Publishing & Distribution Ltd
　　　　　地址：香港柴灣永泰道 70 號柴灣工業城第 2 期 1805 室
　　　　　　　　Unit 1805, Ph.2, Chai Wan Ind City, 70 Wing Tai Rd, Chai Wan, Hong Kong
　　　　　電話：21726513　傳真：21724355　E-mail：cary@subseasy.com.hk

封面設計／林雯瑛
內頁排版／王信中
印　　刷／鴻霖印刷傳媒股份有限公司

出版日期／2025 年 8 月初版
定　　價／新臺幣 650 元(缺頁或裝訂錯誤的書,請寄回更換)
Ｉ Ｓ Ｂ Ｎ／978-626-7648-82-7

有著作權,侵害必究　　　　　　　　　　　　　　　　Printed in Taiwan

First published in France under the title:
Vigilant (Le). Immersion à bord d'un sous-marin nucléaire
© 2024, Éditions de La Martinière, une marque de la société EDLM.
Rights arranged by Peony Literary Agency Limited.
Traditional Chinese translation rights © 2025 Domain Publishing Company.